U0026043

超詳盡礦物百科！

礦物與它們的產地

佐藤佳代子
SATO KAYOKO

【 本書介紹 】

大家有沒有蒐集過漂亮或有趣的石頭呢？蒐集自己喜歡的石頭是很愉快的事。不過除了蒐集，還有很多種方式可以享受欣賞礦物的樂趣。首先，試著把礦物放在強光下吧。某些礦物的裂縫會出現彩虹般的光芒，說不定可以看到平常沒發現的色澤!?另外，把礦物浸在液體中，或者把礦物加熱，也可能會發生意想不到的事喔！在做這些實驗以前，一定要先了解礦物的性質。隨便加熱礦物的話，可能會產生有毒氣體，或者爆開飛散出碎片。有些礦物浸在水裡後甚至可能會溶解消失。

本書會介紹一些常見礦物的性質，並解說如何觀察這些礦物。還會提到神奇的螢光實驗，以及如何製作療癒人心的樂器等。除了是本圖鑑書之外，還滿載能夠盡情享受礦物樂趣的Idea！

接著就翻開下一頁，讓我們在不可思議的礦物世界中展開冒險吧！

佐藤佳代子

超詳盡礦物百科！
礦物與它們的產地

特別附錄
書衣變身海報!!
好玩、漂亮、有趣的元素週期表

內文中標示[*]的專有名詞，請參考P.110～111的「用語解說」。

本書使用方式

本書將礦物的魅力分成「礦物的特徵」、「樣本」、「實驗」、「小物製作」，並分成4個章節解說。以下簡單介紹各章的閱讀重點。

「礦物樣本」頁面介紹

「Chapter 2　美麗的礦物世界」中的125個礦石樣本，是依照國際礦物學協會［*］的規定分類來介紹。除了該礦物的基本資料，還補充了相關小知識等各式資訊。

▶分類

礦物分為「寶石礦物」、「礦石礦物」、「其他礦物」等3大類。

▶礦物名稱

礦物的名字。將中文名與英文名兩者並列。

▶特徵

結晶、顏色等應注意的特徵。以及礦物名稱的由來等。

▶資料

化學分子式、解理、摩氏硬度、顏色、條痕顏色、比重等礦物基本性質。

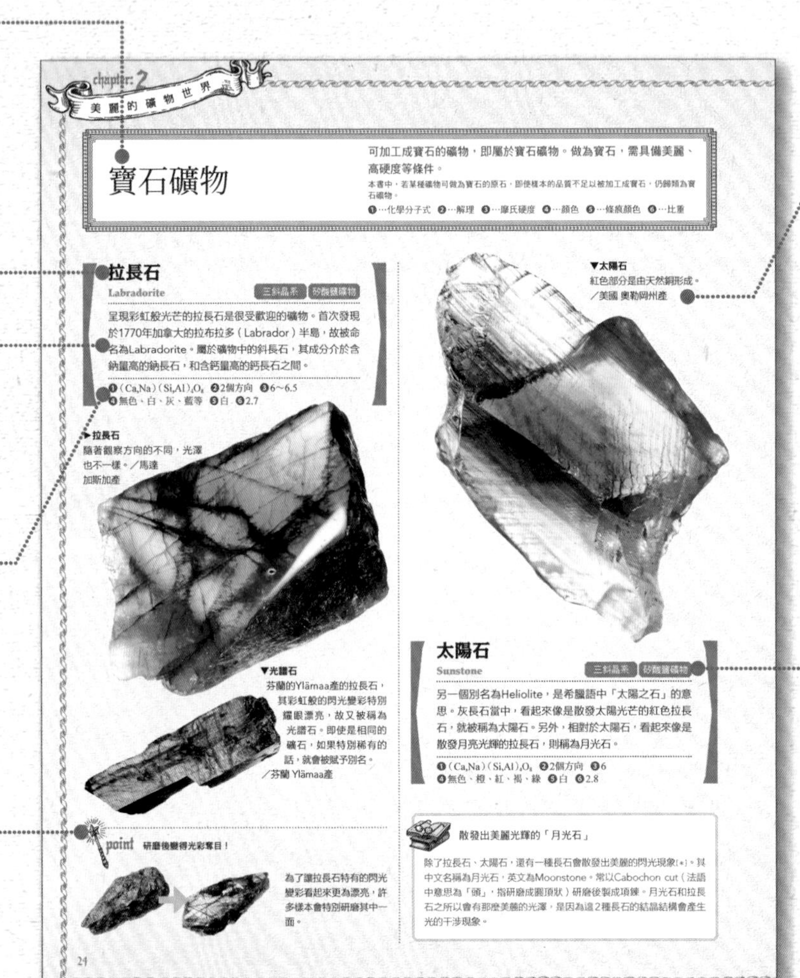
chapter: 2
美麗的礦物世界

寶石礦物

可加工成寶石的礦物，即屬於寶石礦物。做為寶石，需具備美麗、高硬度等條件。

本書中，若某種礦物可做為寶石的原石，即使樣本的品質不足以被加工成寶石，仍歸類為寶石礦物。

❶…化學分子式　❷…解理　❸…摩氏硬度　❹…顏色　❺…條痕顏色　❻…比重

拉長石
Labradorite
三斜晶系　矽酸鹽礦物

呈現彩虹般光芒的拉長石是很受歡迎的礦物。首次發現於1770年加拿大的拉布拉多（Labrador）半島，故被命名為Labradorite。屬於礦物中的斜長石，其成分介於含鈉量高的鈉長石，和含鈣量高的鈣長石之間。

❶ $(Ca,Na)(Si,Al)_4O_8$　❷2個方向　❸6~6.5
❹無色、白、灰、藍等　❺白　❻2.7

▶拉長石
隨著觀察方向的不同，光澤也不一樣。／馬達加斯加產

▼光譜石
芬蘭的Ylämaa產的拉長石，其彩虹般的閃光變彩特別耀眼漂亮，故又被稱為光譜石。即使是相同的礦石，如果特別稀有的話，就會被賦予別名。
／芬蘭 Ylämaa產

point 研磨後變得光彩奪目！

為了讓拉長石特有的閃光變彩看起來更為漂亮，許多樣本會特別研磨其中一面。

▼太陽石
紅色部分是由天然銅形成。
／美國 奧勒岡州產

太陽石
Sunstone
三斜晶系　矽酸鹽礦物

另一個別名為Heliolite，是希臘語中「太陽之石」的意思。灰長石當中，看起來像是散發太陽光芒的紅色拉長石，就被稱為太陽石。另外，相對於太陽石，看起來像是散發月亮光輝的拉長石，則稱為月光石。

❶ $(Ca,Na)(Si,Al)_4O_8$　❷2個方向　❸6
❹無色、橙、紅、褐、綠　❺白　❻2.8

散發出美麗光輝的「月光石」

除了拉長石、太陽石，還有一種長石會散發出美麗的閃光現象［*］。其中文名稱為月光石，英文為Moonstone。常以Cabochon cut（法語中意思為「頭」，指研磨成圓頂狀）研磨後製成項鍊。月光石和拉長石之所以會有那麼美麗的光澤，是因為這2種長石的結晶結構會產生光的干涉現象。

24

▶樣本採集地等

圖中樣本的特徵與採集地點等。

▶分類

依照礦物的晶系與化學組成進行分類。本書將晶系分為以下6類。

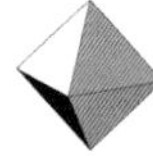
等軸晶系

正方晶系

斜方晶系

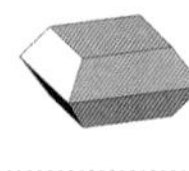
單斜晶系

三斜晶系

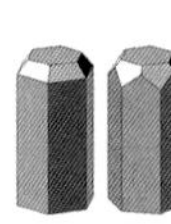
六方晶系
三方晶系

▶標示

小知識
與這個主題有關的小知識。

想想看
解說該主題中探討的問題。

挑戰
該主題的應用。以提升自己為目標挑戰看看。

重點
該主題的重點。

危險・注意
進行作業時的注意事項。

整理
以圖表等簡單說明實驗結果。

「實驗」·「小物製作」頁面介紹

「Chapter 3　動手做礦物實驗」和「Chapter 4　製作礦物小玩具」中，會用簡單的文字仔細說明每個步驟的目的與方法（或作法）。也適合做為自由研究的主題。

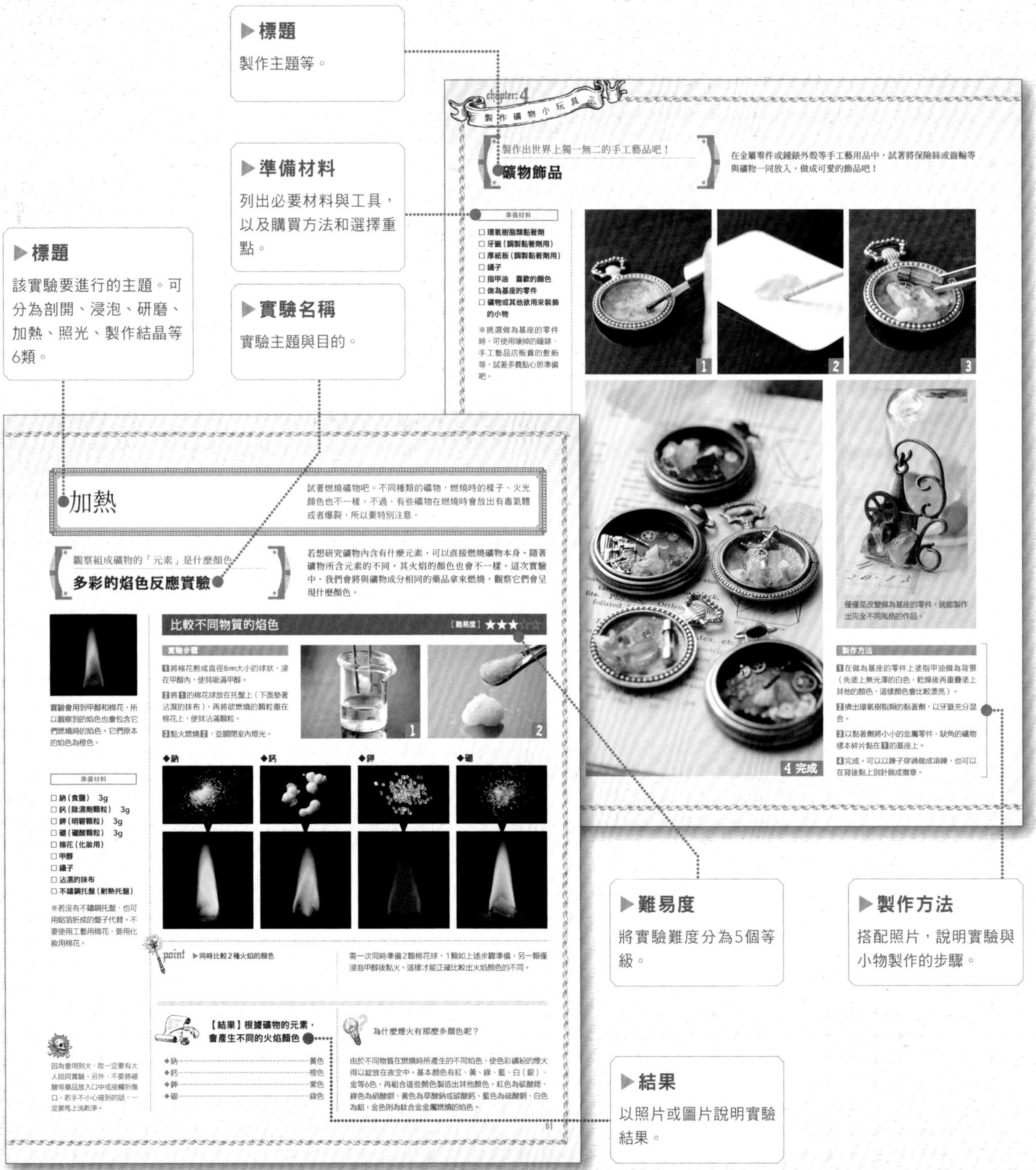

「實驗‧小物製作」時要注意!!

在開始用礦物做實驗、製作小物之前，請務必閱讀以下注意事項。做好準備，才能在安全的環境下享受樂趣。另外，請遵守規矩，不要造成其他人麻煩、不要破壞東西、不要弄髒環境。

用礦物做實驗、製作小物之前

- 請大人確定是否能使用這些材料與工具。
- 將實驗場所整理整齊，將工具放在方便使用的地方。
- 操作前把手洗乾淨。
- 記好實驗內容與步驟後再開始做實驗。
- 如果需要購買礦物或工具的話，請和大人商量。

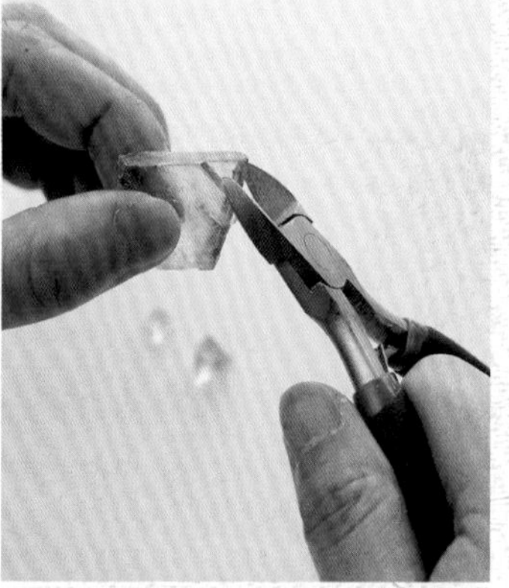

用礦物做實驗、製作小物的時候

- 不要在危險的地方做實驗。
- 注意不要讓幼兒碰觸或誤食材料。
- 要使用火的時候，一定要有大人在場。
- 實驗進行過程中，千萬不能離開實驗場所。
- 注意不要讓材料跑進眼睛或嘴巴。
- 若需要將實驗產物暫時放在冰箱內的話，
  務必標示清楚，讓其他人知道這是實驗產物。

用礦物做實驗、製作小物之後

- 將環境整理、清潔乾淨。
- 將剩下的材料整理妥當，存放在安全的地方。
- 透鏡應存放於照不到陽光的地方。
- 要丟棄的物品須依照規定丟棄。

▶實驗工具、材料等，在文具店、藥局、化學用品店、日用品店、玩具店、五金行、均一價商店等地方就能夠簡單購入。要是找不到某些產品的購買途徑，可以上本書的特設網頁確認，或者在詢問頁面上留言。
http://kirara-sha.com/club/（僅有日文）

▶另外，也可以在網路上購買這些材料工具。網購時，請務必確認購入數量、金額、支付方式、送達時間等資料後再購買。

▶本書預設的讀者為小孩子，會盡可能以簡單易懂的方式進行解說。故有時可能會和專業上的表達方式有所不同。

Chapter 1 了解礦物

礦物是最常出現在我們周遭的「地球碎片」。
世界上沒有兩個完全相同的東西。
但了解它們在顏色或形狀等
各方面的共通點，也很有趣不是嗎？
本章將介紹礦物於何處生成，又擁有哪些特徵。

礦物是什麼？

由岩石構成的素材。目前已發現5000多種礦物，每年還會發現新種礦物［*］。依照國際礦物學協會［*］的基準，需符合以下3大要點，才可稱之為礦物。

其一 由地球製造

礦物並非由人類製造，而是地球內部的岩漿經過很長的一段時間後自然生成。因此，由生物遺骸所形成的石炭、化石，或者是來自宇宙的隕石皆不屬於礦物。

◀這個魚眼石是在玄武岩等火成岩的空隙內，或在矽卡岩、偉晶岩（➡P.10）內，經過很長一段時間的結晶後才形成的產物。

➡P.46 魚眼石

▶ 成分與礦物相同，但卻不是礦物的東西

以下4個物體與礦物的成分相同，但卻不屬於礦物。
❶黃鐵礦化的菊石。❷隕石。其成分是地球上也有的元素，如鐵、鎳、矽酸鹽礦物（➡P.23）等。❸方解石化的雙殼貝。❹蛋白石化的菊石。

其二 由固定成分組成

礦物由固定比例的元素〔*〕組成，任何一塊碎片的主要成分皆相同。

方解石有各式各樣的顏色與形狀，但它們都是由碳元素和氧元素組合而成（$CaCO_3$）的礦物。

➡P.47 方解石

其三 為固體結晶

原子〔*〕依一定規則排列而成的固體，稱為結晶。基本上，礦物都是由結晶組成。不過，有部分非結晶物體也被分類為礦物。

▶ 原子非規則排列的礦物

雖然是固體，但原子、分子並非依一定規則排列，稱為「非晶質」。

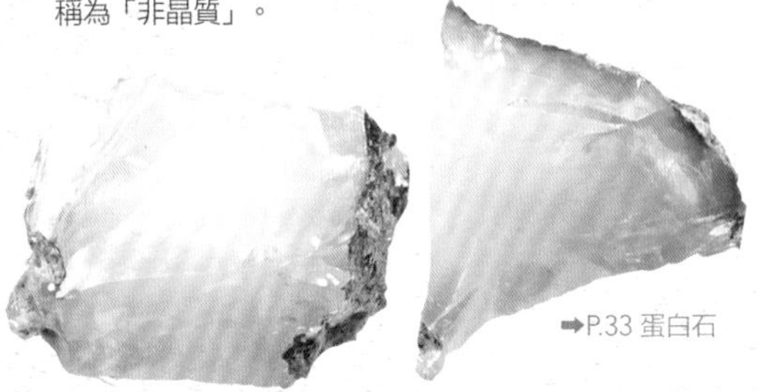

➡P.33 蛋白石

蛋白石為非晶質物，但也屬於礦物的一種。成分與石英（➡P.26）和玉髓（➡P.28）一樣皆為SiO_2，含有10%左右的水分。

➡P.52 黑曜石

黑曜石為流紋岩〔*〕質的岩漿在形成結晶構造前，便急速冷卻成固狀的非晶質「準礦物」。成分幾乎都是玻璃質的SiO_2。

▶ 雖是液體卻被視為礦物

固體是礦物的必備條件之一，不過有些液體也會被視為礦物。

➡P.42 水銀

水銀本身是液體，也是礦物。過去曾用於體溫計和燈塔的探照燈，但因為毒性太強，現在幾乎不再使用。

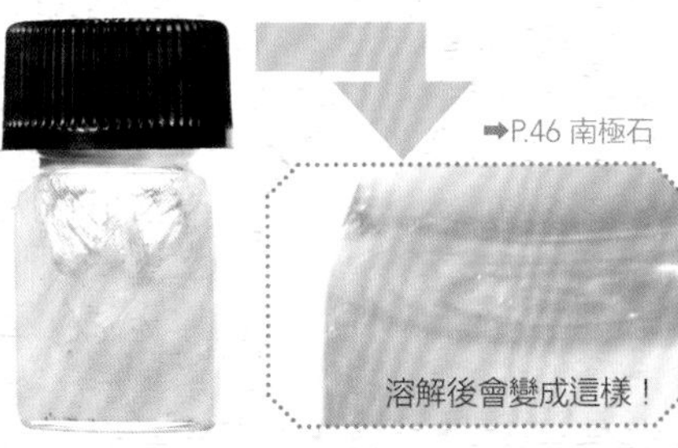

➡P.46 南極石

溶解後會變成這樣！

南極石在25℃時為液體，不過即使在液體狀態下，也被視為一種礦物。雖然溶解時，看起來就像水，但冷卻後的結晶形狀和冰不同。

另外，冰在0℃以上時會變為液體，但也被視為礦物。冰的結晶屬於六方晶系（➡P.15），而雪的結晶也是六角形。

地球中心是硬梆梆的？還是像泥漿一樣濃稠？

圓圓的地球可以分成「地殼、地函、地核」等3個部分。最外側的部分稱為「地殼」，主要由富含石英、長石、輝石等礦物的岩石構成。其內部的「地函」，主要由富含橄欖石、石榴石及輝石的岩石構成。中心有一個由鐵及鎳等金屬所構成的「核」。核可分為「外核」與「內核」，一般認為，外核為液體，內核為固體。

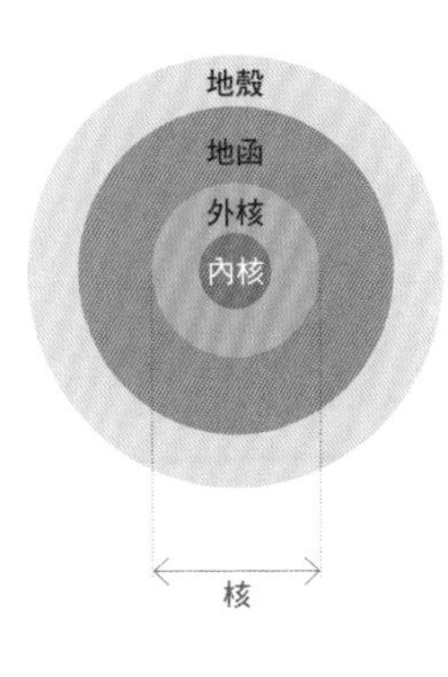

礦物的生成環境

礦物誕生於富含礦物成分的「礦床[*]」內。而礦床則會形成於地底下緩慢冷卻的岩漿內及周圍，或者是綠洲[*]、湖底、河底、火山噴發口附近等。

▼漂砂礦床／淺砂礦床

由河流或風搬運礦物或元素使之聚集在同一處所形成的礦床。舉例來說，河流可將山裡的水晶或天然金等礦物搬運至同一處，形成礦床。

▼風化、氧化礦床

出現在常受風吹雨打的地表，或者常接觸地下水、海水等氧化的地方。礦物會與水或空氣中所含的氧氣結合，形成別種礦物，如孔雀石、藍銅礦、天然銅、青鉛礦等皆屬之。

▶河流

◀湖

▲沉積礦床

位於湖或內海的底部。由沉澱在底部的物質形成的礦床，可產出如南極石等礦物。

▶偉晶岩礦床

岩漿在地殼內緩慢冷卻時，可能會形成巨大空洞。空洞內部可產出水晶、石榴石、電氣石等又大又漂亮的結晶。

➡P.26 水晶

➡P.25 石榴石

➡P.32 電氣石

➡P.45 雲母

➡P.36 螢石

沙漠中的綠洲

綠洲的水蒸發之後，當地富含的元素便會聚集在一起，形成礦物。

➡P.40 石膏

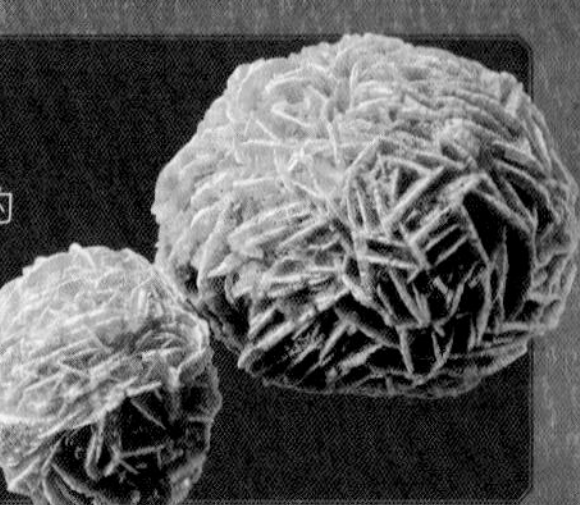

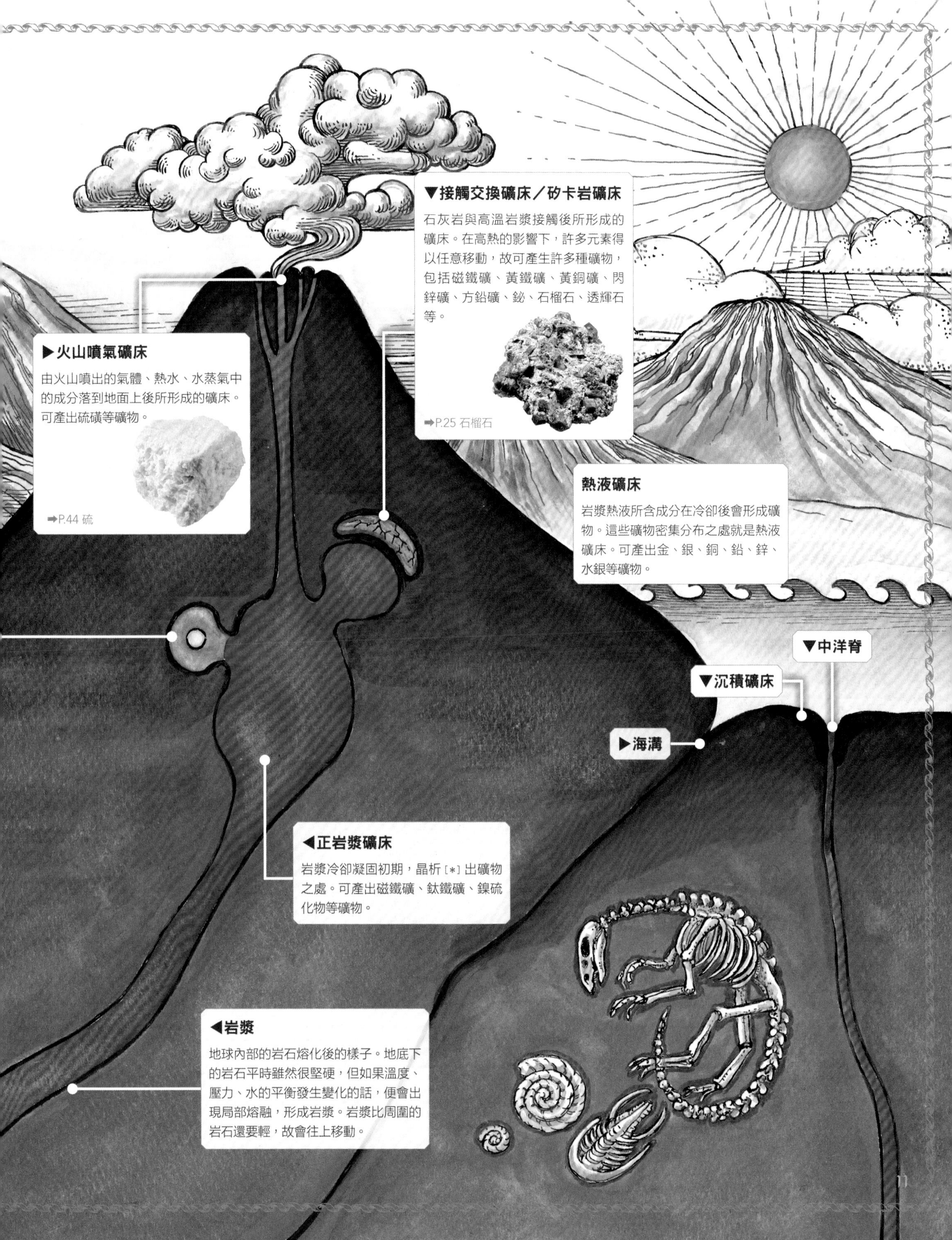
▼接觸交換礦床／矽卡岩礦床
石灰岩與高溫岩漿接觸後所形成的礦床。在高熱的影響下，許多元素得以任意移動，故可產生許多種礦物，包括磁鐵礦、黃鐵礦、黃銅礦、閃鋅礦、方鉛礦、鉍、石榴石、透輝石等。
➡P.25 石榴石
▶火山噴氣礦床
由火山噴出的氣體、熱水、水蒸氣中的成分落到地面上後所形成的礦床。可產出硫磺等礦物。
➡P.44 硫
熱液礦床
岩漿熱液所含成分在冷卻後會形成礦物。這些礦物密集分布之處就是熱液礦床。可產出金、銀、銅、鉛、鋅、水銀等礦物。
▼中洋脊
▼沉積礦床
▶海溝
◀正岩漿礦床
岩漿冷卻凝固初期，晶析［*］出礦物之處。可產出磁鐵礦、鈦鐵礦、鎳硫化物等礦物。
◀岩漿
地球內部的岩石熔化後的樣子。地底下的岩石平時雖然很堅硬，但如果溫度、壓力、水的平衡發生變化的話，便會出現局部熔融，形成岩漿。岩漿比周圍的岩石還要輕，故會往上移動。

礦物的特徵

礦物有著許多特徵，包括顏色、形狀等外型特徵，硬度以及由劈裂方向判斷的解理等。這些特徵都是我們分辨礦物時的重點。

結晶外型 Outer shape

礦物成分在有一定餘裕的空間中緩慢成長後，可形成該礦物特有的結晶形狀。
結晶的形狀非常多，以下介紹特別常見的幾種。

立方體

由6個正方形圍繞而成的立體。如黃鐵礦、方鉛礦、螢石等。

➡P.38 黃鐵礦

八面體

由8個正三角形圍繞而成的立體。如磁鐵礦、鑽石、尖晶石等。

➡P.39 磁鐵礦

十二面體

由12個正五邊形圍繞而成的立體。如黃鐵礦、石榴石等。

➡P.38 黃鐵礦

柱狀

像細長柱子一樣的形狀。有時會再依長度分為長柱狀和短柱狀。如綠柱石、正長石等。

➡P.25 綠柱石

針狀

較細的柱狀結晶又叫做針狀結晶。如鈉沸石等。

➡P.47
纖水矽鈣石分離結晶

毛狀（纖維狀）

極為細小的柱狀結晶又叫做毛狀、纖維狀結晶。如脆硫銻鉛礦、鎂明礬等。

➡P.47 鎂明礬

板狀

平板狀。不同礦物的厚度也不一樣。較薄的種類也稱為葉片狀或鱗片狀。如重晶石、石膏等。

➡P.45 鋰雲母

球狀

看起來像球形，因為它可以朝著任意方向自由成長。切開後可看到它是由放射狀的細小結晶集合而成。

➡P.35 藍銅礦

錐狀

呈突起狀。像方解石般有較長錐面者，又稱為犬牙狀。

➡P.47 方解石

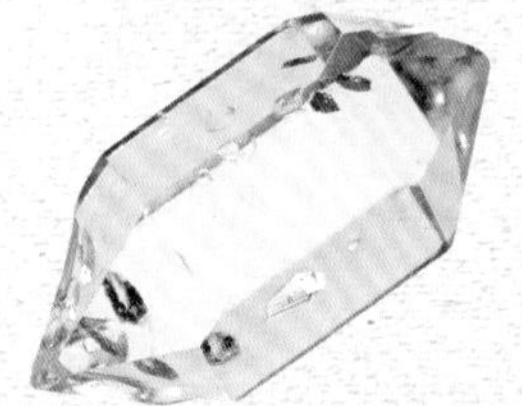

➡P.27 水晶

腎形

和腎臟一樣略似球狀，但表面凹凸不平。

➡P.38 赤鐵礦

樹枝狀

由許多小結晶照著樹枝的連接方式結合而成的結晶。如霰石。

➡P.39 白鉛礦

硬度 Hardness

有些礦物很軟，有些礦物很硬。
而「硬度」就是用來區分各種礦物之硬度的基準。

摩氏硬度 [Mohs hardness]

德國礦物學者腓特烈・摩斯（Friedrich Mohs）比較不同礦物的硬度，將其分為10個等級，做為礦物硬度的比較基準。這就是「摩氏硬度」。

硬度	基準礦物
1	滑石
2	石膏
3	方解石
4	螢石
5	磷灰石
6	正長石
7	石英
8	黃玉
9	剛玉
10	鑽石

較軟 ↔ 較硬

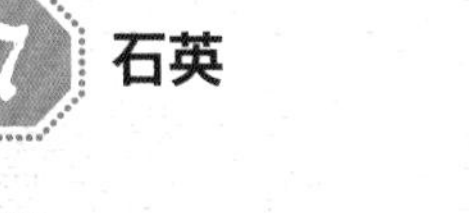

比較不同硬度的礦物！

使兩種礦物互相在對方較平的一面上刻劃，觀察是否有留下痕跡，以判斷硬度。被劃出刻痕的礦物硬度較低。試著用透明的方解石和石英（水晶）操作看看吧。相對較軟、摩氏硬度為3的方解石應會被劃出刻痕。

縱向和橫向硬度不同的「二硬石」！

依方向的不同，藍晶石有2種不同的硬度。隨著角度的不同而有不同的硬度，這種特性就稱為「硬度的異向性」。

洛西沃硬度 [Rosiwal hardness]

寶石加工時，需知道寶石準確的硬度，以進行切割與研磨，故會將硬度以絕對數值表示。

解理 Cleavage

有些礦物具有這樣的性質——當對礦物施以很大的外力時，在某個方向上會比較容易將其剖開。這種性質又稱為「解理」。而剖開後的平面則稱為「解理面」。

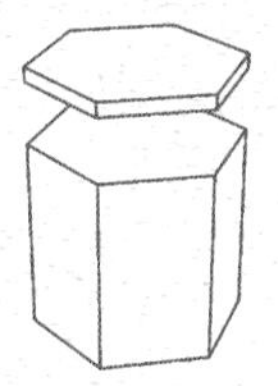
1個方向完全解理：
黃玉、雲母、魚眼石等。

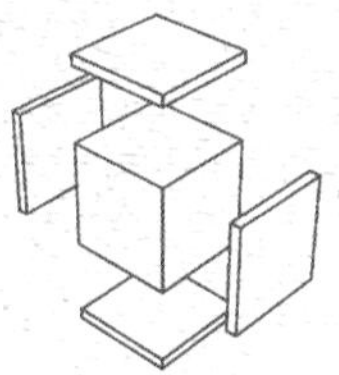
2個方向完全解理：
正長石等。

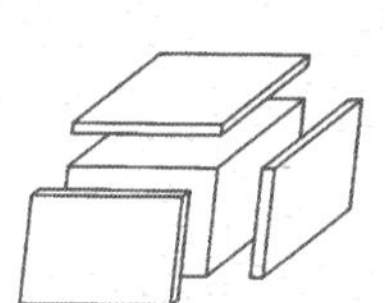
3個方向完全解理：
方解石等。

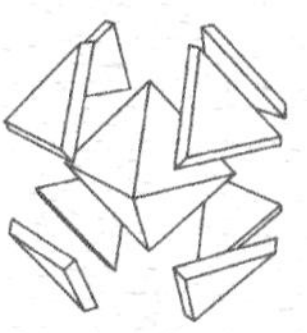
4個方向完全解理：
螢石、鑽石等。

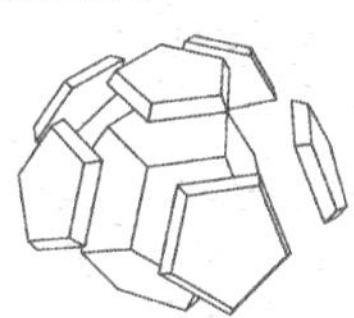
6個方向完全解理：
閃鋅礦等。

※「完全解理」指的是在該方向可以完美切割開來，切面平整。

觀察看看解理面吧！

➡P.54 方解石

比重 Specific gravity

觀察同體積物體之質量差異。「比重」指的是將礦物質量與做為基準物的「水」相比。也就是說，測量比重時，就是在看礦物的質量是同體積水的幾倍。

顏色與形狀

Colors & Shapes

即使是相同名稱的礦物，顏色與形狀也可能不同。同樣的，即使顏色與形狀相同，也不一定是相同的礦物。

透明、白 → 紅

➡P.26 水晶

➡P.35 岩鹽

➡P.46 魚眼石

➡P.36 螢石

➡P.25 鈣鋁石榴石

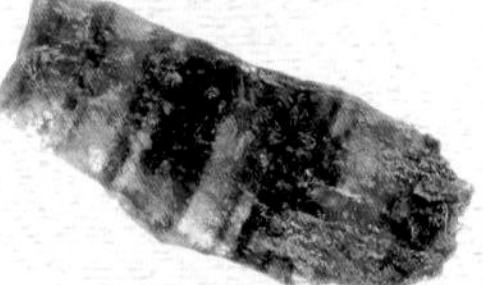
➡P.37 螢石

➡P.26 紅鐵水晶

黃 → 褐

➡P.45 星雲母

➡P.37 螢石

➡P.50 雌黃

➡P.50 玄能石

➡P.28 玉髓

➡P.40 玫瑰狀石膏

➡P.27 黑水晶

藍綠 → 綠

➡P.46 魚眼石

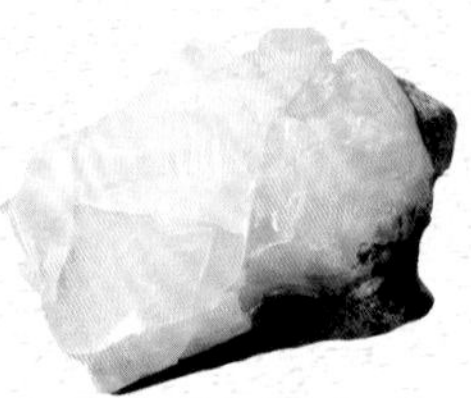
➡P.33 蛋白石

➡P.36 螢石

➡P.34 孔雀石

➡P.25 鈣鋁石榴石

➡P.40 綠石膏

藍 → 黑

➡P.24 光譜石

➡P.35 岩鹽

➡P.29 天青石

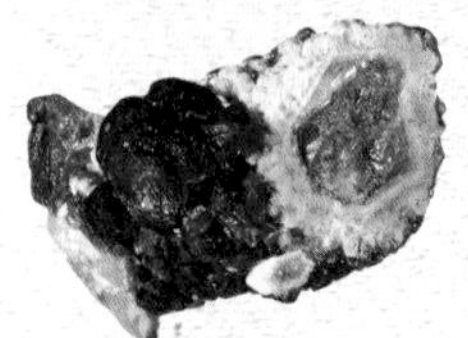
➡P.37 螢石

➡P.26 紫水晶

➡P.45 金雲母

➡P.38 方鉛礦

條痕顏色
[Streak colour]

礦物被磨碎成粉狀時的顏色。多數情況下條痕顏色和外觀顏色不同，可以在磁磚背面畫出條痕觀察。

➡P.38 方鉛礦
➡P.35 藍銅礦

螢光
[Fluorescence]

某些礦物在暗處以黑光燈照射時會發出光芒。光的波長[＊]愈短，能量愈大。原子吸收光能量後會轉變成激發態[＊]，之後為了恢復原來的狀態，會再以光的形式釋放出能量。這時若釋放出的是可見光[＊]，就是所謂的「螢光」。

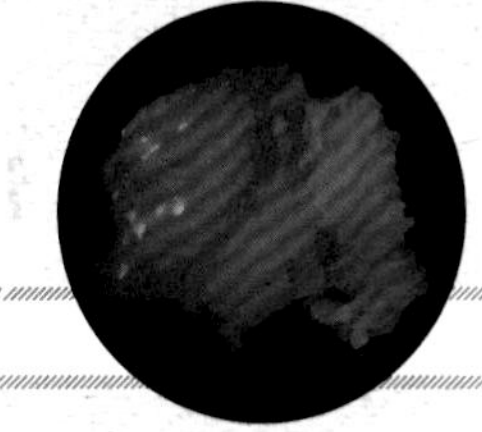

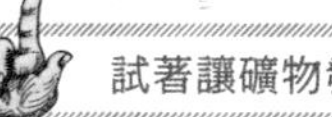
試著讓礦物發出螢光吧！

➡P.71 錳方解石

干涉色
[Interference color]

當光的種類不同、觀察角度不同時，會使礦物反射出不同的顏色，這就是所謂的「干涉色」。

暈彩效果 [Play of colour]

隨著觀察角度的不同，顏色也會發生變化，這就叫做「暈彩效果」。光通過結晶結構時，會產生分光[＊]作用，故會出現彩虹般的顏色。

➡P.33 蛋白石

閃光變彩 [Labradorescence]

觀察某些以灰色為基礎顏色的礦物時，若改變角度，會出現像是孔雀羽毛般的暈彩。這種現象就叫做閃光變彩。

➡P.24 拉長石

變色效果
[Change of colour]

在不同的光源（自然光、日光燈、白熾燈）下，會呈現出不同顏色的性質。

試著觀察看看變色效果吧！

➡P.65 螢石

星光效果
[Asterism]

從某個角度觀察時，礦物會出現星型光芒。可見於藍寶石和紅寶石等，原因在於礦石中含有rutile（金紅石）[＊]雜質。

貓眼效果
[Chatoyancy]

將礦物旋轉至某個角度時，會出現像是貓的眼睛般的光芒。

晶系 Crystal system

礦物在可自由成長的環境下，會形成規則排列、由許多對稱面圍繞而成的多面體。我們可以將這些多面體依「面與面交接處的軸（結晶軸）」、「結晶軸的交叉角度」分為6大類晶系。

等軸晶系（立方晶系）

3條結晶軸等長，兩兩夾角皆為90度。結晶外型多為立方體。

正方晶系

3條結晶軸中，有2條長度相同，另一條長度不同。結晶外型多為長方體、四角柱或者是雙錐體等。

斜方晶系（正交晶系）

3條結晶軸的長度皆不相同。兩兩夾角為皆為90度。

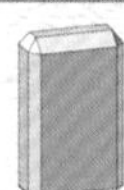

單斜晶系

3條結晶軸的長度皆不相同。3種結晶軸夾角中，其中2種為90度，另一種非90度。屬於這種晶系的礦物種類最多。

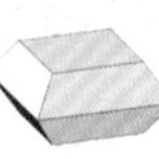

三斜晶系

3條結晶軸的長度皆不相同，且3條結晶軸也互不垂直。

六方晶系、三方晶系

3條結晶軸中有2條等長，這2條的夾角為120度。另一條結晶軸長度與其他2條不同，且與其他2條分別夾90度。

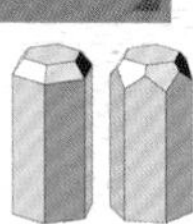

晶系圖形並不代表結晶的形狀，但兩者間有著密切的關係。在了解各晶系圖形的情況下，觀察某礦物的結晶形狀，可看出礦物的晶系。

磁性 Magnetism

此性質為礦物是否會被磁鐵吸引。可以用鐵氧體[＊]進行測試。

礦山探險

日本過去曾有許多富含礦物資源的礦山。在地底下挖出像蟻穴般複雜的坑道，並於坑道末端挖出一個很大的洞窟，方便採集礦物。

▶瀑布
碎掉的石頭會隨著水流流進谷中，其中包含石英等礦物。

▶試挖穴
嘗試挖挖看有沒有礦物的洞穴。

▼本坑入口
進入礦山內的入口。

▶軌道
讓礦車運行的軌道。

▶水路
將坑道內的水引導流出。

▲碎石機
將礦物絞碎的機器。

挖自礦山卻不需要的石頭，會被用來鋪路。螢石會因為照到紫外線而褪色成白色，不過以黑光燈照射時，可以找到發出藍色螢光的小小碎片。

在河流流速較慢的地方，以黑光燈照射，可發現螢石被埋在較大的母岩[*]中。土壤內或河底有時也會發現綠色的漂亮螢石。

去看看吧！礦物手作旅行

由岐阜縣金山町觀光協會規畫的旅遊行程。要在日本採集礦物，需獲得土地擁有者的許可才行，而且礦場大多有一定程度的危險。這個旅遊行程中，有嚮導會帶領遊客走入笹洞礦山，可以放心參觀，很適合做為第一次的天然礦山採集體驗。另外，採集到的樣本可以放入樣本盒內帶回家。礦山中有很多危險場所，所以一定要詢問觀光協會，選擇安全的行程。

［詢問處］
金山町觀光協會　☎0576-32-3544
〒509-1614
岐阜縣下呂市金山町大船渡679-1
（JR飛驒金山站站內）

【這就是以「笹洞礦山」為原型畫的插畫喔！】

岐阜縣中央、於美濃地方與飛驒地方的交界處有一個名為「笹洞礦山（松下礦山）」的礦山。在山的另一面還有平岩礦山。1955～1965年左右是全盛時期，這段期間內，笹洞和平岩所產出的螢石占全日本的90%，是日本第一的螢石礦山。現在已全面封山。

↑當時的照片　入口的坑木（支柱）是用栗木製成。栗木的中心部分經過很多年仍不會腐爛，所以在含水量高的礦坑內，栗木是不可或缺的木材。

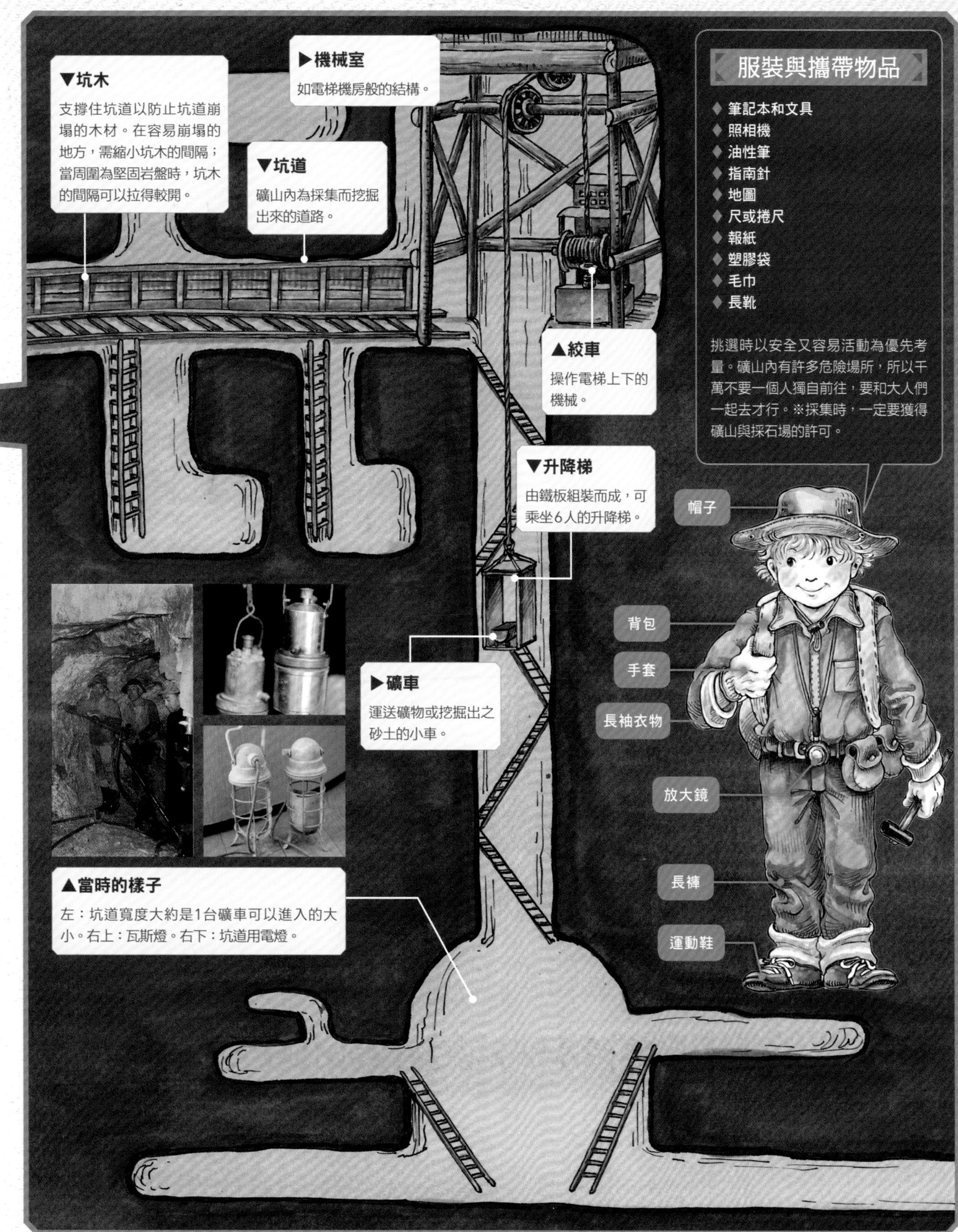
▼坑木
支撐住坑道以防止坑道崩塌的木材。在容易崩塌的地方，需縮小坑木的間隔；當周圍為堅固岩盤時，坑木的間隔可以拉得較開。
▶機械室
如電梯機房般的結構。
▼坑道
礦山內為採集而挖掘出來的道路。
▲絞車
操作電梯上下的機械。
▼升降梯
由鐵板組裝而成，可乘坐6人的升降梯。
▶礦車
運送礦物或挖掘出之砂土的小車。
▲當時的樣子
左：坑道寬度大約是1台礦車可以進入的大小。右上：瓦斯燈。右下：坑道用電燈。
服裝與攜帶物品
◆ 筆記本和文具
◆ 照相機
◆ 油性筆
◆ 指南針
◆ 地圖
◆ 尺或捲尺
◆ 報紙
◆ 塑膠袋
◆ 毛巾
◆ 長靴
挑選時以安全又容易活動為優先考量。礦山內有許多危險場所，所以千萬不要一個人獨自前往，要和大人們一起去才行。※採集時，一定要獲得礦山與採石場的許可。
帽子
背包
手套
長袖衣物
放大鏡
長褲
運動鞋

礦物觀察

觀察礦物時，觀察得愈詳細，就愈會有有趣的發現。試著用放大鏡觀察礦物的細部結構，一一記錄下來，或把它畫下來吧。鍛鍊自己的觀察力，是成為礦物博士的第一步。

觀察岩石中的顆粒

岩石是由數種礦物聚集而成的石頭。所以從不同角度觀察岩石時，可以看到岩石呈現出不同的顏色或光芒。

黑雲母花崗岩（深層岩）
Biotite granite

茨城縣笠間市稻田

白色的部分是鉀長石；會反射光線、有些黑黑的部分是黑雲母；黑色顆粒是角閃石；看起來有些透明的部分則是石英。

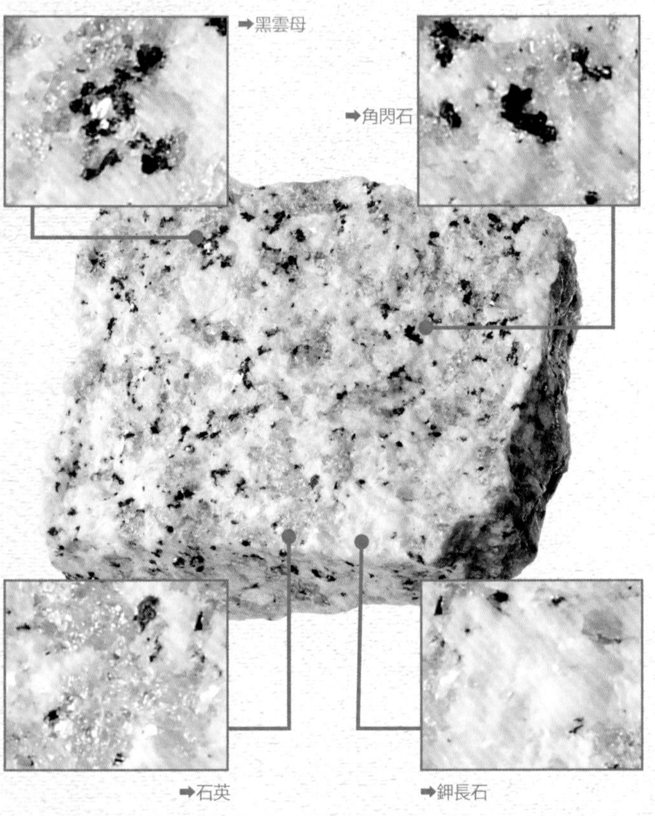

➡黑雲母

➡角閃石

➡石英

➡鉀長石

岩石的種類

岩漿冷卻後所形成的岩石又稱作「火成岩」。火成岩可分為岩漿噴出地面後急速冷卻所形成的「火山岩」，以及在地下緩慢冷卻固化的「深層岩」2種。深層岩的冷卻過程較為緩慢，故可成長出較大的結晶。火成岩經過很長一段時間後，有可能會轉變成「沉積岩」或「變質岩」。

試著用用看放大鏡吧

1個礦物樣本中，可能有多種礦物同時存在（伴隨礦物）。即使標籤上只寫著1種礦物名稱，在仔細觀察後，常可發現其他礦物的存在，或者還附有部分母岩［*］。所以試著用放大鏡觀察看看吧。

1. 將放大鏡靠近眼睛。大概拿到和眼鏡差不多的距離。
2. 閉起沒有對著放大鏡的眼睛。
3. 將樣本前後移動對焦。

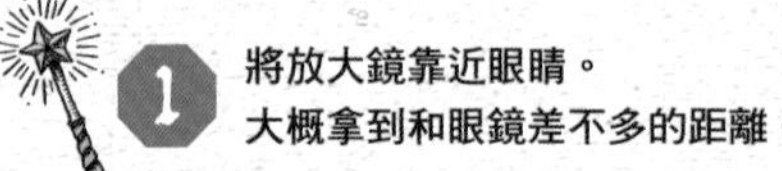

如果是較大的岩石樣本，沒辦法任意移動的話，可以先把放大鏡靠近岩石，眼睛湊上去看，然後再慢慢讓眼睛和放大鏡遠離岩石，以對準焦距。

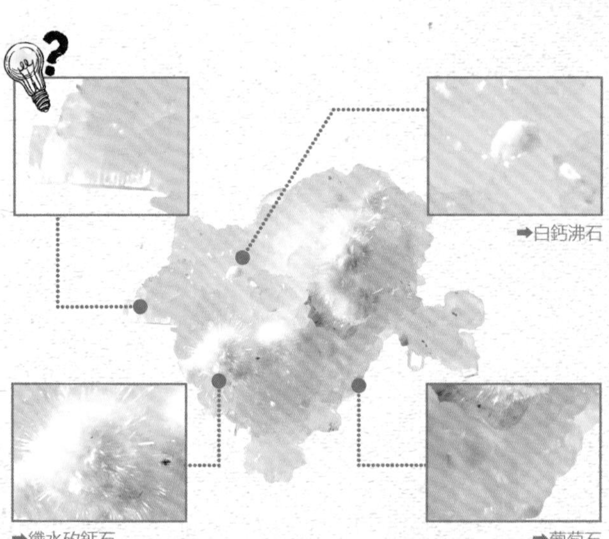

➡白鈣沸石

➡纖水矽鈣石

➡葡萄石

白色看起來鬆鬆軟軟的部分是纖水矽鈣石。白色硬梆梆的部分是白鈣沸石。淡綠色的部分是葡萄石。那麼白色結晶的部分又是什麼呢？用放大鏡仔細觀察後，可以看到垂直的紋理［*］。如果是水晶的話，紋理應該是水平的才對，故推測這可能是魚眼石之類的礦物。

試著畫畫看吧

不只是礦物學，在昆蟲學、植物學等自然科學的研究中，將觀察到的事物畫下來是項很重要的技能。與美術領域的繪圖有些不同，為了將樣本的狀態正確記錄下來，畫圖時有幾個必須遵守的原則。

要畫的是這個

- 只用1條線畫出輪廓，不明確的部分則以虛線畫出。
- 僅忠實呈現主要部分，省略一定程度上的細節。
- 不畫出影子、受損、髒汙等部分。
- 以點來表現顏色的「濃淡」。
- 著色時，不擦除線條。

1

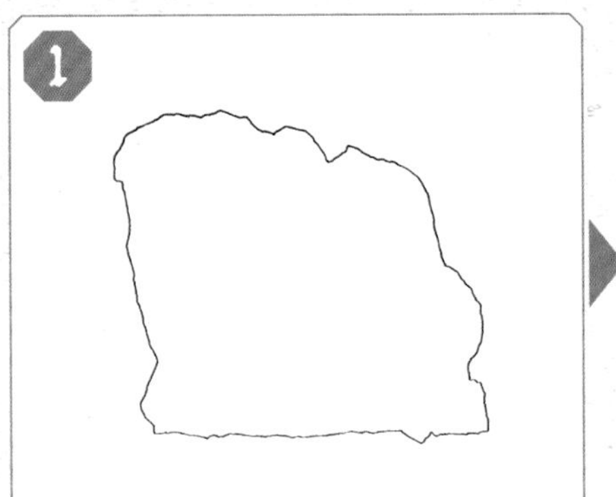

以1條線畫出整體輪廓。

2

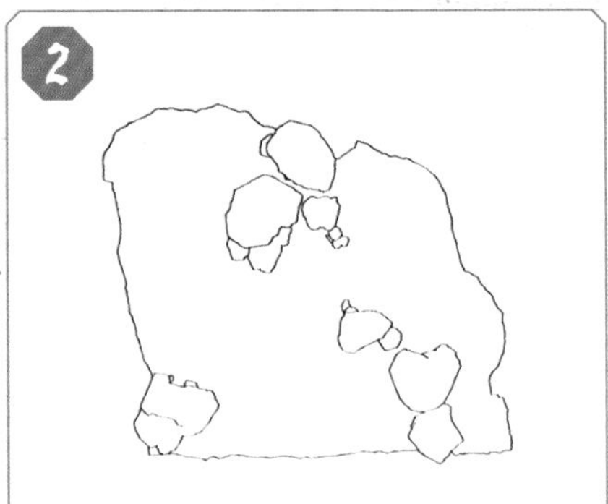

以1條線畫出結晶的輪廓。

3

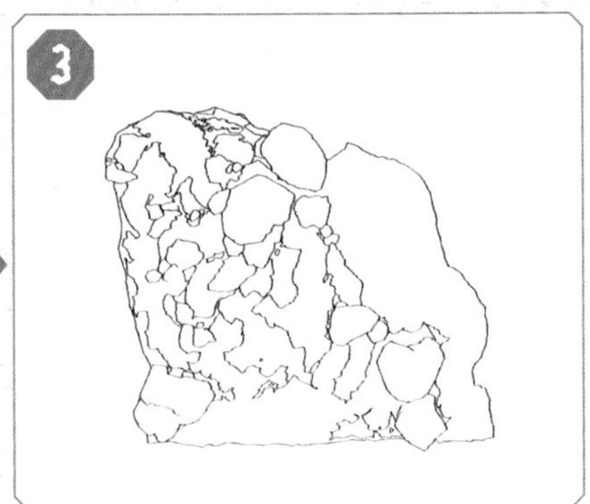

以線條畫出較清楚的邊界。

4

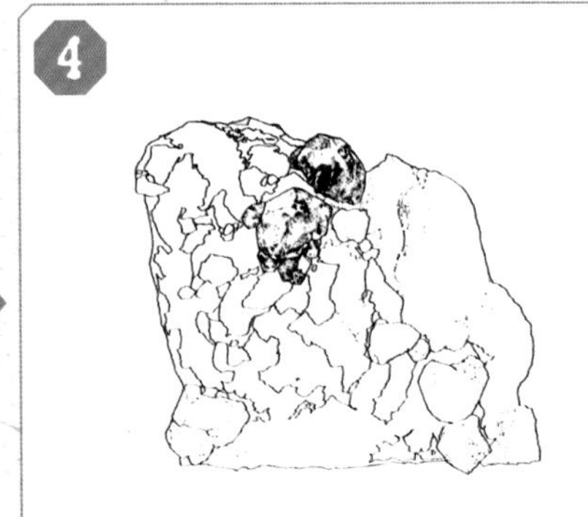

5

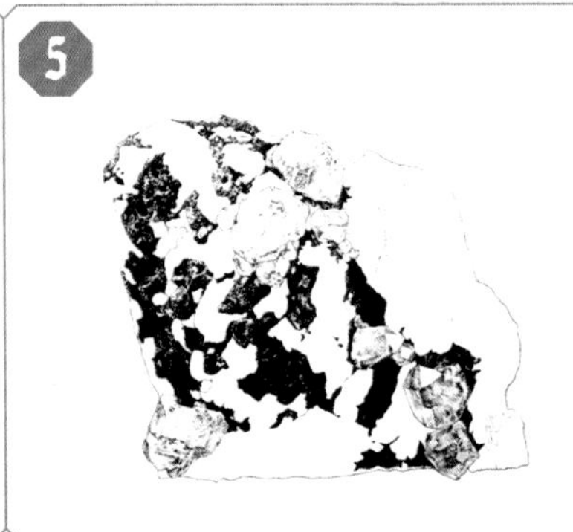

6

不清楚的邊界則用虛線畫，用點的密集程度表現出顏色的「濃淡」。

7

用水彩等畫具為結晶部分著色。

完成

為母岩部分著色後便完成。由於這是樣本的觀察記錄，故在著色時，請留意不用擦除線條。

日本的礦物產地

日本也有許多有世界級產量的礦山。這裡介紹的是目前流通中的礦物樣本產地，以及當地可以採集到的礦物。

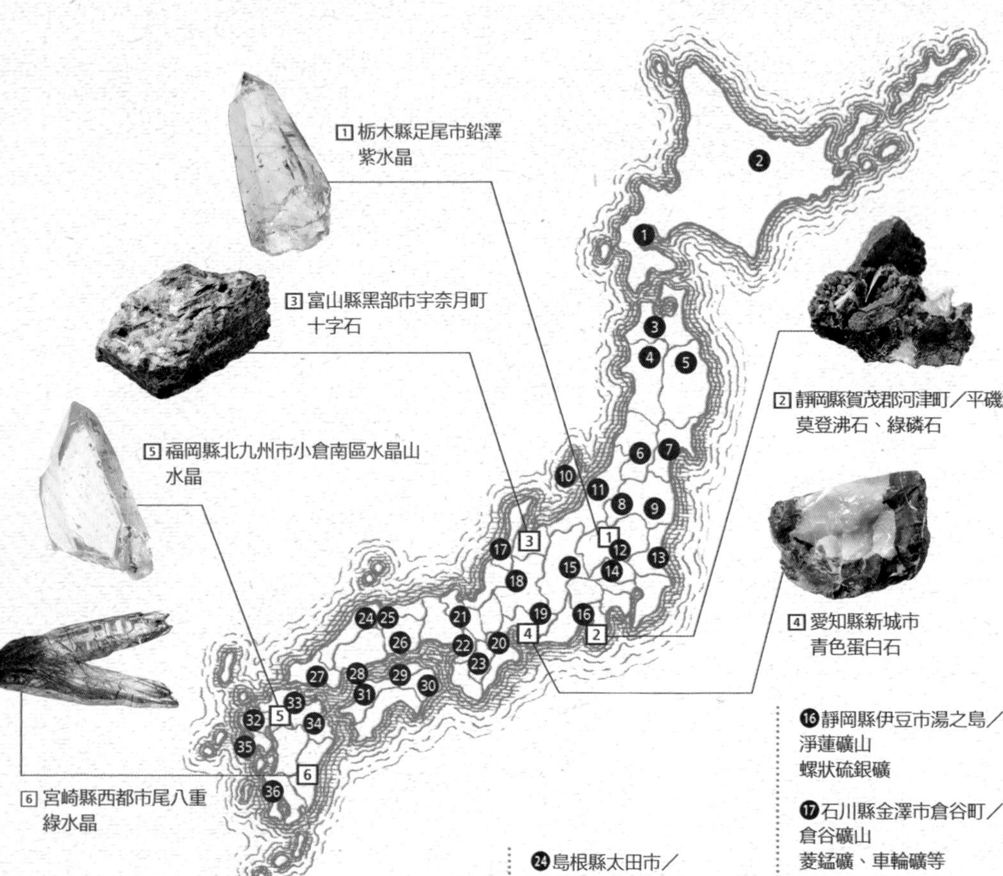

❶北海道札幌市手稻區／
手稻礦山
黃碲礦、雞冠石等

❷北海道北見市／
Itomuka礦山
水銀

❸青森縣中津輕郡西目屋村／
尾太礦山
紫水晶、黃鐵礦、方鉛礦等

❹秋田縣鹿角郡尾去澤町／
尾去澤礦山
Narumi礦（赤鐵礦質金礦）、
菱錳礦等

❺岩手縣下閉伊郡田野畑村／
田野畑礦山
鈴木石、吉村石

❻山形縣山形市寶澤／
寶澤礦山
閃鋅礦等

❼宮城縣白石市／雨塚山
紫水晶

❽福島縣郡山市／月形礦山
藍線石

❾福島縣磐城市／
御齋所礦山
錳鋁石榴石、鐵鋁石榴石、
白雲母、金雲母等

❿新潟縣／佐渡金山
金

⓫新潟縣／赤谷礦山
霰石

⓬栃木縣／足尾礦山
黃鐵礦、黃銅礦、水晶、
膽礬等

⓭茨城縣／日立礦山
黃銅礦、硫化鐵礦、堇青石

⓮埼玉縣／秩父礦山
金、閃鋅礦、砷黃鐵礦等

⓯長野縣南佐久郡川上村／
川端下甲武信礦山
水晶、方解石、柱石、
鈣鐵輝石等

⓰靜岡縣伊豆市湯之島／
淨蓮礦山
螺狀硫銀礦

⓱石川縣金澤市倉谷町／
倉谷礦山
菱錳礦、車輪礦等

⓲岐阜縣吉城郡神岡町／
神岡礦山
神岡礦、天然砷等

⓳愛知縣設樂町／田口礦山
薔薇輝石、錳鋁石榴石、
金雲母等

⓴三重縣一志郡白山町／
白山礦山
鎂鋁石榴石、水晶等

㉑京都府龜岡市稗田野町／
行者山
錫石、黃鐵礦、螢石、石英、
櫻石等

㉒大阪府南河內郡太子町
古銅輝石等

㉓奈良縣御所市朝町
黃銅礦、斑銅礦、天然銅、
孔雀石、矽孔雀石、膽礬、
藍銅礦、毒鐵礦等

㉔島根縣太田市／
石見礦山
硬石膏、纖維石膏、方鉛礦
等

㉕鳥取縣東伯郡三朝町福山
煙水晶

㉖岡山縣久米郡久米南町
方鉛礦、黃鐵礦、黃銅礦等

㉗山口縣美禰市於福町下
孔雀石、矽孔雀石、黃鐵礦、
黃銅礦、閃鋅礦、方鉛礦等

㉘廣島縣瀨戶田町生口島
孔雀石、毒鐵礦、石英、
黃玉、黃銅礦等

㉙香川縣高松市國分寺町西
山
讚岐岩

㉚德島縣美馬郡木屋平村／
野野脇礦山
黃鐵礦、黃銅礦、磁鐵礦等

㉛愛媛縣伊予郡砥部町
閃鋅礦、黃銅礦、黃鐵礦、
菱錳礦等

㉜佐賀縣唐津市肥前町切木
木村石等

㉝福岡縣田川郡川崎町／
安真木小峠
瀝青鈾礦等

㉞大分縣宇目町王神原金剛
砂谷
金剛砂礦

㉟長崎縣下縣郡嚴原町／
成相礦山
冰長石

㊱鹿兒島縣牧園町三體堂坂
下
矽質鯒石等

㊲沖繩縣八重山郡竹富町
鳴石

Chapter 2 美麗的礦物世界

本章嚴選125種礦物詳加說明，從做為珠寶原石的寶石礦物，到各產業不可或缺的礦石礦物，及顏色、形狀很有趣的礦物等。與專業圖鑑不同，本章選了許多以零用錢就買得起的礦物，所以除了欣賞漂亮的礦物照片之外，若想在礦物展或礦物樣本店購買礦物時，也可拿本書做為參考。

礦物的成分與分類

礦物有許多種分類方式，不過一般來說，通常會以其組成元素進行分類。可以試著將圖鑑和週期表對照著看。知道礦物成分後，就可以知道它的化學分子式是什麼。

元素礦物

由單一元素組成的礦物。和元素週期表上的元素名稱相同，不過如果是由礦物產出的元素，就會在名字前面加上「天然」二字，如「天然金」或「天然鉍」等。

➡P.43 天然金

硫化礦物

金屬元素與硫結合形成的礦物，稱為硫化礦物。通常為不透明並帶有金屬光澤，但也有些種類如硃砂、雞冠石（雄黃）等呈透明狀。

➡P.38 方鉛礦

氧化礦物

金屬元素與氧結合形成的礦物，稱為氧化礦物。與其他礦物相比，硬度較高為其特點。

➡P.30 尖晶石

鹵化礦物

金屬元素與鹵素結合形成的礦物，稱為鹵化礦物。鹵素為元素週期表從右方算來的第2行（17族），此類別有螢石、岩鹽等。

➡P.36 螢石

碳酸鹽礦物

由碳酸鹽類形成的礦物，稱為碳酸鹽礦物。化學分子式中有CO_3為其特徵。此類別有方解石、霰石、孔雀石、藍銅礦等。

➡P.47 方解石

磷酸鹽礦物

由磷酸鹽類形成的礦物，稱為磷酸鹽礦物。化學分子式中有PO_4為其特徵。此類別有磷灰石、綠松石等。

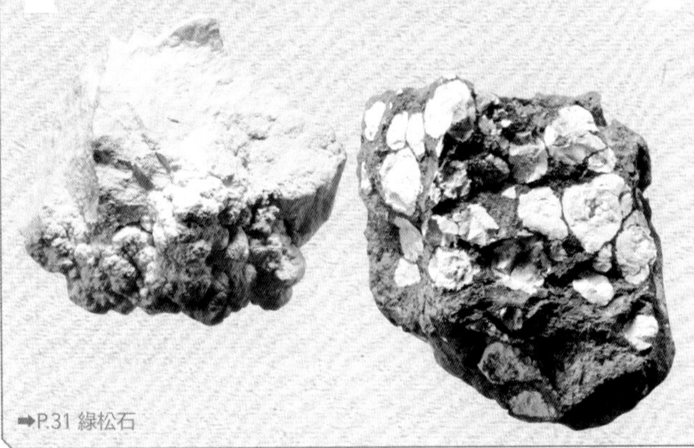

➡P.31 綠松石

其他

如硝酸鹽礦物、硼酸鹽礦物、鉻酸鹽礦物、砷酸鹽礦物、鉬酸鹽礦物、鎢酸鹽礦物、釩酸鹽礦物等。

➡P.38 釩鉛礦

硫酸鹽礦物

由硫酸鹽類形成的礦物，稱為硫酸鹽礦物。化學分子式中有SO_4為其特徵。與其他礦物相比，硬度較低為其特點。此類別有天青石、石膏、膽礬等。

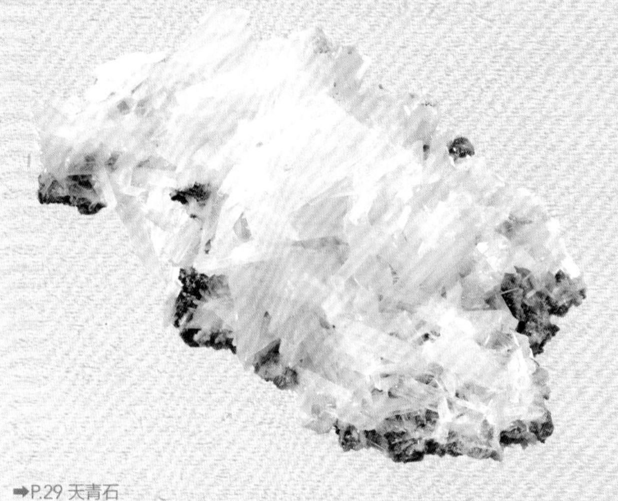

➡P.29 天青石

矽酸鹽礦物

由矽酸鹽類形成的礦物，稱為矽酸鹽礦物。化學分子式中有SiO_4為其特徵。矽酸鹽礦物底下的礦物種類最多，依照矽酸鹽分子組成四面體的方式，還可再分成6類。

➡P.31 綠銅礦

寶石礦物

可加工成寶石的礦物，即屬於寶石礦物。做為寶石，需具備美麗、高硬度等條件。

本書中，若某種礦物可做為寶石的原石，即使樣本的品質不足以被加工成寶石，仍歸類為寶石礦物。

❶…化學分子式 ❷…解理 ❸…摩氏硬度 ❹…顏色 ❺…條痕顏色 ❻…比重

拉長石

Labradorite

三斜晶系 矽酸鹽礦物

呈現彩虹般光芒的拉長石是很受歡迎的礦物。首次發現於1770年加拿大的拉布拉多（Labrador）半島，故被命名為Labradorite。屬於礦物中的斜長石，其成分介於含鈉量高的鈉長石，和含鈣量高的鈣長石之間。

❶（Ca,Na）（Si,Al）$_4$O$_8$ ❷2個方向 ❸6～6.5
❹無色、白、灰、藍等 ❺白 ❻2.7

►**拉長石**
隨著觀察方向的不同，光澤也不一樣。／馬達加斯加產

▼**光譜石**
芬蘭的Ylämaa產的拉長石，其彩虹般的閃光變彩特別耀眼漂亮，故又被稱為光譜石。即使是相同的礦石，如果特別稀有的話，就會被賦予別名。
／芬蘭 Ylämaa產

point 研磨後變得光彩奪目！

為了讓拉長石特有的閃光變彩看起來更為漂亮，許多樣本會特別研磨其中一面。

▼**太陽石**
紅色部分是由天然銅形成。
／美國 奧勒岡州產

太陽石

Sunstone

三斜晶系 矽酸鹽礦物

另一個別名為Heliolite，是希臘語中「太陽之石」的意思。灰長石當中，看起來像是散發太陽光芒的紅色拉長石，就被稱為太陽石。另外，相對於太陽石，看起來像是散發月亮光輝的拉長石，則稱為月光石。

❶（Ca,Na）（Si,Al）$_4$O$_8$ ❷2個方向 ❸6
❹無色、橙、紅、褐、綠 ❺白 ❻2.8

散發出美麗光輝的「月光石」

除了拉長石、太陽石，還有一種長石會散發出美麗的閃光現象[*]。其中文名稱為月光石，英文為Moonstone。常以Cabochon cut（法語中意思為「頭」，指研磨成圓頂狀）研磨後製成項鍊。月光石和拉長石之所以會有那麼美麗的光澤，是因為這2種長石的結晶結構會產生光的干涉現象。

綠柱石

Beryl

六方晶系　矽酸鹽礦物

富含鈹的礦物。礦物名稱雖然是綠柱石，不過水藍色的寶石稱為海藍寶石，綠色的則稱為祖母綠。除此之外，黃色的金黃綠柱石、粉紅色的摩根石等寶石，亦屬於綠柱石。

❶$Be_3Al_2Si_6O_{18}$ ❷無 ❸7 ❹無色、綠、藍、黃、紅等
❺白 ❻2.6

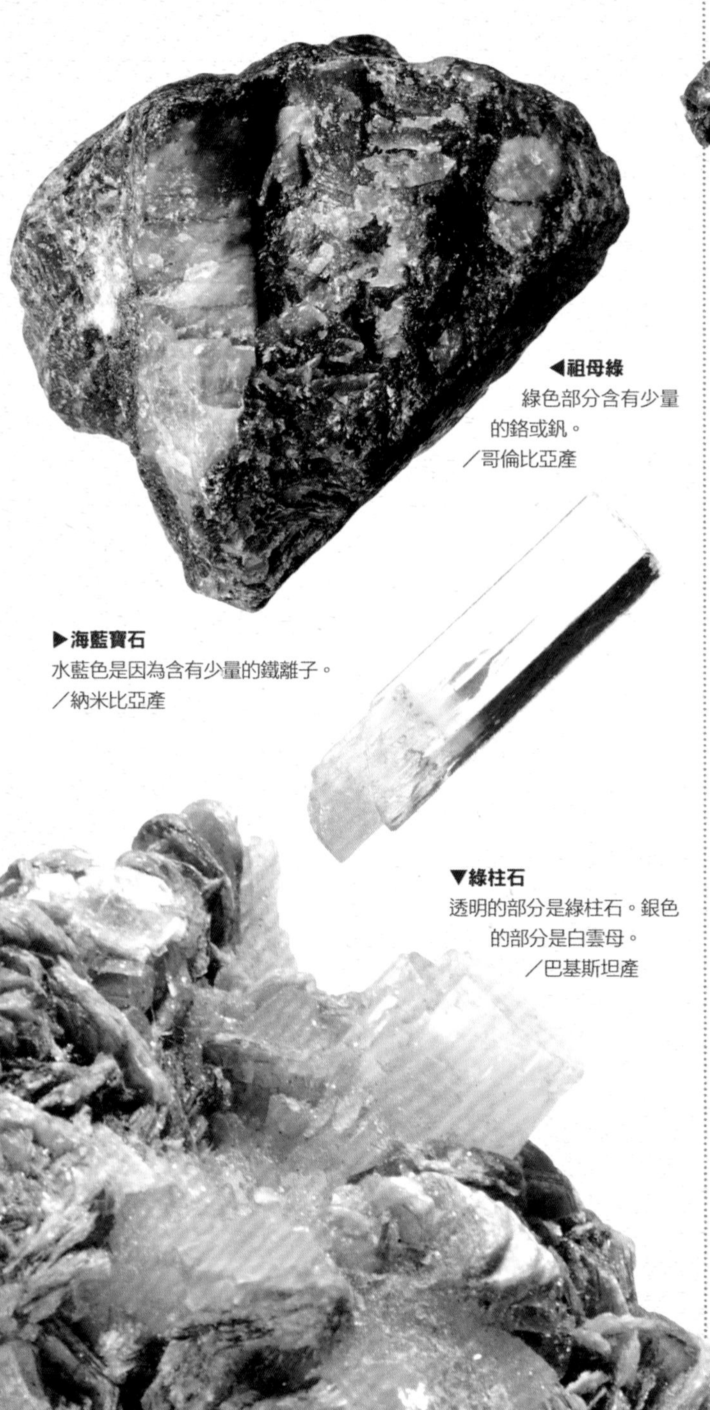

◀祖母綠
綠色部分含有少量的鉻或釩。
／哥倫比亞產

▶海藍寶石
水藍色是因為含有少量的鐵離子。
／納米比亞產

▼綠柱石
透明的部分是綠柱石。銀色的部分是白雲母。
／巴基斯坦產

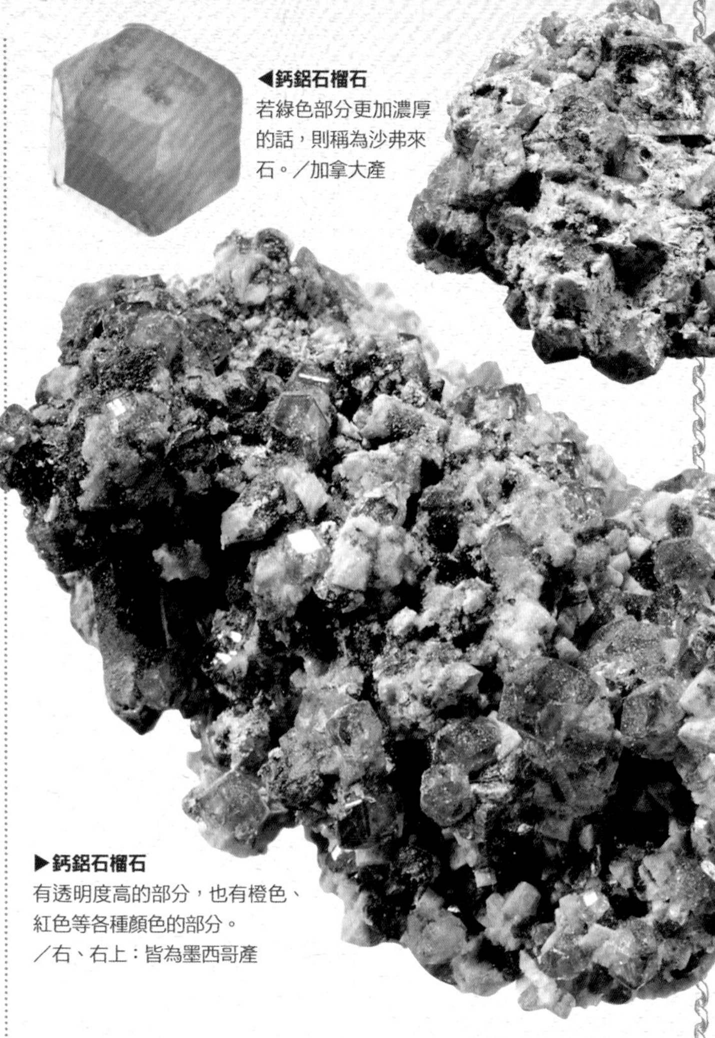

◀鈣鋁石榴石
若綠色部分更加濃厚的話，則稱為沙弗來石。／加拿大產

▶鈣鋁石榴石
有透明度高的部分，也有橙色、紅色等各種顏色的部分。
／右、右上：皆為墨西哥產

鈣鋁石榴石

Grossular

等軸晶系　矽酸鹽礦物

之所以叫做石榴石，是因為外觀很像石榴的果實。石榴石並不是指單一礦物，而是一群礦物的總稱，依其組成成分來區分不同的種類及顏色，譬如說鈣鋁石榴石的「鈣」就代表成分中的鈣（Ca）。

❶$Ca_3Al_2(SiO_4)_3$ ❷無 ❸7
❹無色、綠、橙、紅、紫紅、粉紅等 ❺白 ❻3.6

「鎂鋁石榴石（Pyrope）」和
「鐵鋁石榴石（Almandine）」的差別在哪裡？

鎂鋁石榴石富含「鎂」（Mg），鐵鋁石榴石則富含「鐵」（Fe）。但事實上，這兩種礦物都含有鐵，也都含有鎂，只是因為某一種含量比較多，故有不同稱呼。像這種由2種成分混合而成的物體，稱為「固溶體」。

鎂鋁石榴石　$Mg_3Al_2(SiO_4)_3$

鐵鋁石榴石　$Fe_3Al_2(SiO_4)_3$

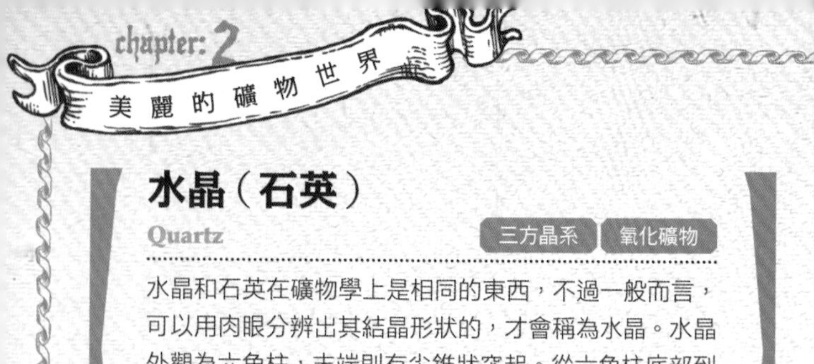

水晶（石英）

Quartz

三方晶系　氧化礦物

水晶和石英在礦物學上是相同的東西，不過一般而言，可以用肉眼分辨出其結晶形狀的，才會稱為水晶。水晶外觀為六角柱，末端則有尖錐狀突起。從六角柱底部到尖端突起的連線稱為C軸。透過偏光片［*］以C軸為中心觀察，可以用肉眼看到漩渦狀的彩虹。

❶SiO_2　❷無　❸7　❹無色～白、黃、粉紅、綠等　❺白　❻2.7

◀**黃水晶／Citrine**
因鐵元素而呈現黃色。市面上流通的黃水晶大多是紫水晶加熱形成。／巴西產

◀**雙尖水晶**
美國赫基蒙（Herkimer）盛產兩端皆為錐面，閃閃發亮的雙尖水晶，又稱為赫基蒙鑽（Herkimer Diamond）。最近巴基斯坦也有產出漂亮的雙尖水晶。若以黑光燈照射含油水晶，會產生螢光。／巴基斯坦產

▲**紅鐵水晶**
因氧化鐵而呈現紅褐色的雙尖水晶。／西班牙產

◀**山入水晶**
內部有著像山稜般線條的水晶。這是因為該水晶曾經停止成長，之後又再度成長，使停止成長時期的錐面殘留在水晶內部。又被稱為幻影水晶或幽靈水晶。／巴西產

▶**權杖水晶**
在成長軸的末端特別膨大的水晶，因看起來像松茸，日文稱為松茸水晶。在水晶的成長途中環境改變，使水晶的末端長得特別肥大，形成很有趣的形狀。／巴西產

▼**紫水晶／Amethyst**
紫色是鐵離子的顏色。水晶的矽元素被置換成鐵離子，再經過輻射線照射後，會吸收紫光以外的可見光，故看起來呈現紫色。／左：巴西產，右：群馬縣沼田市產

▼**紅水晶**
以紅水晶為名流通於市面的幾乎都是紅石英。擁有可以被稱為水晶之品質的石英，幾乎都採集自巴西。／巴西產

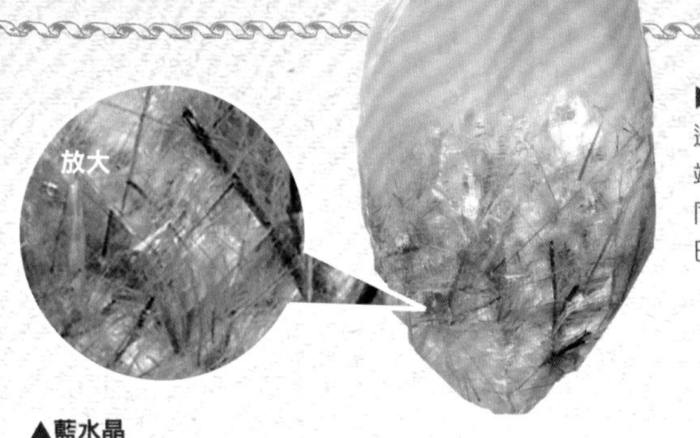

▶水晶

透明的水晶晶簇[*]。六角柱的末端為錐面。相鄰錐面的大小並不相同。／下：美國 阿肯色州產，上：巴西產

▲藍水晶

用放大鏡可以觀察到無數藍色細針般的結晶，其實這是名為Indigolite的藍電氣石。此外，有時也可看到含有青泥石（Aerinite）的藍水晶。／巴西產

▼紫黃晶／Ametrine

同時包含紫水晶（Amethyst）和黃水晶（Citrine）之水晶樣本，就叫做紫黃晶。／玻利維亞 Anahi礦山

▼黑水晶／煙水晶

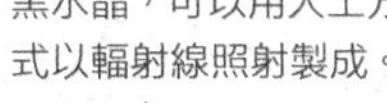

含有鋁離子的水晶在照射到輻射線後，會成為只吸收特定波長的水晶，而有著特別的顏色。煙水晶會吸收幾乎所有可見光波長，故看起來黑黑的。煙水晶中，顏色特別黑者又稱為黑水晶，可以用人工方式以輻射線照射製成。／巴西產

▼日本式雙晶

2個結晶的夾角為84.33度的水晶雙晶[*]。明治時期的日本產出很多這種雙晶，德國的礦物學者高施密特便將其命名為日本式雙晶。也被稱為心形水晶、夫婦水晶。／長崎縣產

將紫色水晶轉變成黃色的方法！

天然黃水晶非常稀少，擁有橙色或黃色等美麗顏色的黃水晶，大多是由紫水晶加熱而成。只要用七寶燒（景泰藍）或玻璃工藝用的電窯加熱紫水晶，在家中也可以製作出漂亮的黃水晶。紫色部分會先變成白色，再逐漸轉變成紅茶般的顏色。要注意的是，加熱後的人工黃水晶可能會出現裂痕。

玉髓（瑪瑙）

Chalcedony

三方晶系 氧化礦物

由細小的石英結晶聚集而成的礦物。其中，特別漂亮的玉髓又稱為瑪瑙。不同顏色的玉髓有不同的寶石名稱，如紅玉髓為Carnelian、綠玉髓為Chrysoprase。

❶SiO_2 ❷無 ❸7 ❹無色～白、灰、淡藍、黃、綠、紫等 ❺白 ❻2.7

◀**玉髓**
用黑光燈照射時，會發出美麗的粉紅色螢光。／摩洛哥產

▲**玉髓**
用黑光燈照射時，會發出粉紅色的螢光。右方白色部分為與其相連的石英。／皆為摩洛哥產

▼**玉髓**
空洞內有著美麗的結晶。／摩洛哥產

觀察看看晶洞［＊］(Geode) 的內部吧！

以晶洞形式販賣的樣本。觀察其剖面，可以看到內部長滿了許多細小而閃閃發光的水晶結晶。較輕的晶洞內部的空洞較大，較重的晶洞內則常可發現緊密排列的瑪瑙。

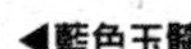

◀**藍色玉髓**
有著淡藍色美麗條紋的玉髓。／馬拉威產

觀察看看切片後的瑪瑙吧！

條紋狀的瑪瑙十分美麗，常切片或著色後販賣。

❶…化學分子式 ❷…解理 ❸…摩氏硬度 ❹…顏色 ❺…條痕顏色 ❻…比重

碳矽鹼鈣石

Carletonite 正方晶系 矽酸鹽礦物

由加拿大的卡爾頓（Carleton）大學發現，故命名為Carletonite。四個角是透明的結晶，內部則為藍色，看起來就像糖果一樣。

❶$KNa_4Ca_4Si_8O_{18}(CO_3)_4(OH,F)\cdot 8H_2O$ ❷有 ❸4～4.5
❹無色、粉紅、淡藍、藍 ❺白 ❻2.4

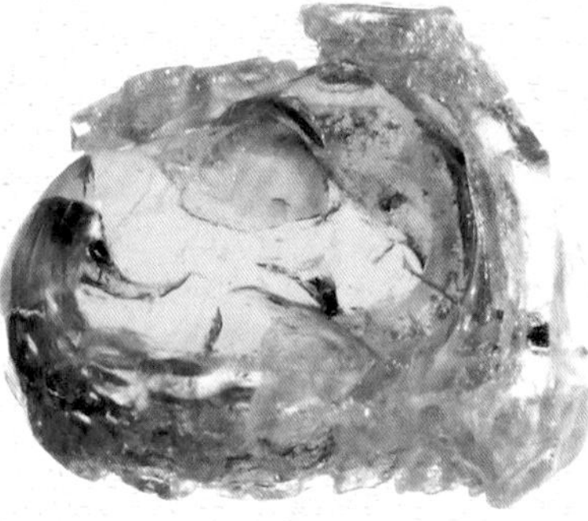

▶碳矽鹼鈣石
結晶不大，本書的樣本約為3㎜左右。／加拿大產

▲▼天青石
相當脆弱，拿取時需特別小心。／上：馬達加斯加產，下：美國俄亥俄州產

藍方石

Hauynite 等軸晶系 矽酸鹽礦物

以法國的礦物學者，亦為結晶學之父的勒內・茹斯特・阿羽依（René Just Haüy）之名來命名的礦物。以黑光燈照射淡藍色部分時，會發出粉紅色螢光。很受歡迎，但因為產出量非常少，故價格也偏高。

❶$Na_6Ca_2Al_6Si_6O_{24}(SO_4)_2$ ❷2個方向 ❸5
❹白、藍、灰 ❺白 ❻2.4～2.5

◀▼藍方石
左：分離結晶。每個小結晶尺寸約為3㎜見方。
下：母岩上的藍方石
／皆為德國產

天青石

Celestite 斜方晶系 硫酸鹽礦物

它的顏色若以英文來形容是「celestial（天空的、天堂的、美好的）」，因此德國的礦物學者維爾納（Werner）便將其命名為「Celestite（有著天空般顏色的石頭）」。另外，天青石富含鍶，燃燒後會放出紅色光芒。紅色煙火就是因為裡面含有鍶。

❶$SrSO_4$ ❷1個方向 ❸3～3.5
❹無色～淡藍、白、紅、綠、褐 ❺白 ❻4

剛玉

Corundum

三方晶系　氧化礦物

鋁的氧化礦物，因為硬度相當高，故常應用在工業上。純粹的結晶為無色。若混有鉻會呈現紅色，深紅色的剛玉即為紅寶石，淡紅色的剛玉則稱為粉紅藍寶石。另外，混入鈦或鐵元素的剛玉會呈現藍色，就是所謂的藍寶石。

❶Al_2O_3 ❷無 ❸9 ❹無色、白、紅、粉紅、藍等
❺無色 ❻4

▲剛玉

由細長的結晶形狀可以看出它是三方晶系。另外，觀察內側或剖開後的晶體內部，可以發現小小的結晶。／馬達加斯加產

以黑光燈照射

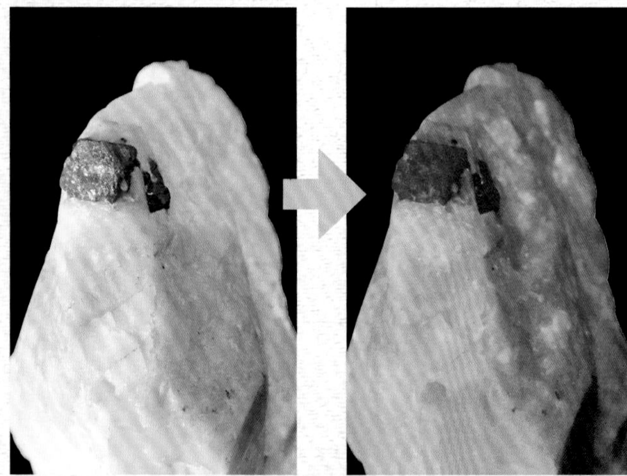

▲紅寶石

以黑光燈照射時，可以看到鮮豔的紅色螢光。產生螢光的原因為混入的鉻元素，故人工結晶的紅寶石也會產生螢光。／緬甸產

尖晶石

Spinel

等軸晶系　氧化礦物

鎂與鋁的氧化礦物。純粹的結晶為無色，但若混有少許雜質，則會成為各種顏色的尖晶石。

❶$MgAl_2O_4$ ❷無 ❸7.5～8
❹無色、紅、黃、橙、藍、綠等 ❺白 ❻3.6

以黑光燈照射

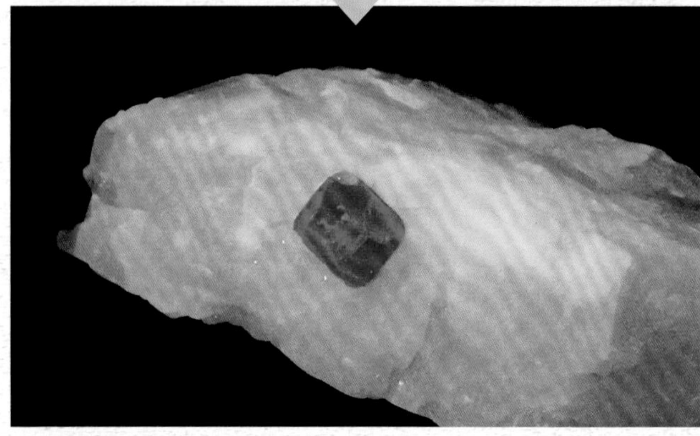

▲尖晶石

若以黑光燈照射混有鉻元素的紅色尖晶石，也可看到鮮豔的紅色螢光。／緬甸產

分辨紅寶石與紅色尖晶石的訣竅就在於結晶的形狀！

紅色尖晶石和紅寶石十分相似，故也被稱為「紅寶尖晶石」。這2種寶石的成分原本就很相似，它們的紅色皆源自於鉻元素雜質，故螢光顏色也非常接近。不過紅寶石是三方晶系，尖晶石卻是等軸晶系，所以結晶會是八面體，而八面體的面為三角形，因此用放大鏡仔細觀察，便可分辨出兩者的差異。

❶…化學分子式 ❷…解理 ❸…摩氏硬度 ❹…顏色 ❺…條痕顏色 ❻…比重

藍晶石

Kyanite

三斜晶系 矽酸鹽礦物

擁有硬度的異向性（二硬性）——縱向硬度和橫向硬度不同，故也有「二硬石」這個別名。英文名Kyanite源自於希臘文中的「藍色」之意。

❶$Al_2O(SiO_4)$ ❷3個方向 ❸4～7.5 ❹灰、藍、綠
❺白 ❻3.6

◀**藍晶石**
藍色來自於鐵或鈦元素。
／巴西產

◀▲**綠松石**
被母岩[*]包覆著的水藍色膜狀物即為綠松石。用美工刀削削看，可發現深度只有約3㎜。
／皆為美國 亞利桑那州產

綠松石

Turquoise

三斜晶系 磷酸鹽礦物

英文名Turquoise也有「土耳其的」的意思，給人一種綠松石的原產地是土耳其的感覺，事實上土耳其並沒有出產綠松石。綠松石的藍色來自於銅的顏色，含鐵的話還會再多一些綠色。

❶$CuAl_6(PO_4)_4(OH)_8 \cdot 4H_2O$ ❷1個方向 ❸5.5～6
❹藍、綠 ❺白～淡綠 ❻2.6～2.9

▼**綠銅礦**
乍看之下容易和祖母綠搞混的礦石。／納米比亞產

綠銅礦

Dioptase

三方晶系 矽酸鹽礦物

Dioptase具有「光線可以穿透結晶，使我們看到內部紋理」的意思，由勒內·茹斯特·阿羽依（René Just Haüy）命名。可作為綠色礦物顏料而很受歡迎。和同樣是綠色的孔雀石（礦物顏料中的名稱為綠青）相比，綠銅礦的產量較少，故價格也較高。

❶$Cu_6Si_6O_{18}/6H_2O$ ❷1個方向 ❸5 ❹藍綠
❺淡藍綠 ❻3.2～3.3

▲黃玉
柱狀的橙色部分。／巴西產

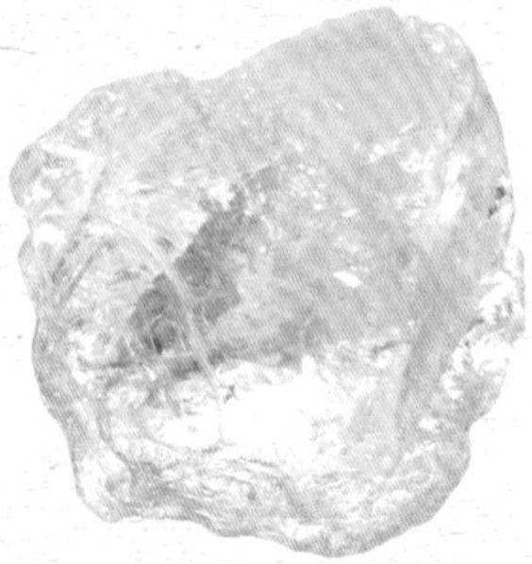

▲藍色托帕石
以藍色托帕石為名在市面上販賣的產品，多為經過輻射線照射後發色而成的托帕石。天然的托帕石只有很淡的藍色。／巴西產

黃玉（托帕石）

Topaz

斜方晶系　矽酸鹽礦物

內含氟與鋁元素，有各式各樣的顏色，如白色托帕石、粉紅托帕石等。雖然日文名稱是黃玉，不過日本幾乎沒有產出黃色的托帕石。

❶$Al_2SiO_4(F,OH)_2$ ❷1個方向 ❸8
❹無色、黃、褐、粉紅、藍等 ❺白 ❻3.4～3.6

鋰電氣石

Elbaite

三方晶系　矽酸鹽礦物

含有鋰的電氣石（碧璽）。特別漂亮的紅色鋰電氣石，又稱為盧比來（Rubellite）。另外，有些鋰電氣石在剖開時，內部與邊緣的顏色會不一樣，就像將西瓜剖開時一樣，所以也被稱為西瓜碧璽。

❶$Na(Li,Al)_3Al_6(BO_3)_3Si_6O_{18}(OH,F)_4$ ❷無 ❸7～7.5
❹綠、藍、粉紅、紅、黃、褐等 ❺白 ❻2.9～3.1

▶鋰電氣石
白色部分為石英，粉紅色結晶為電氣石。／阿富汗產

鈣鎂電氣石

Uvite

三方晶系　矽酸鹽礦物

Uvite的名稱源自於其原產地——斯里蘭卡的烏沃省（Uva）。「鈣」表示該礦物含有鈣（Ca）的成分。

❶$CaMg_3(Al_5Mg)(BO_3)_3Si_6O_{18}(OH)_4$ ❷無 ❸7.5
❹黑、深綠、黑褐 ❺褐 ❻3

▶鈣鎂電氣石
六邊形的平面結晶。可以看出其三方晶系、六方晶系之結構。／巴西 布魯馬多產

正面和背面的形狀不同!?

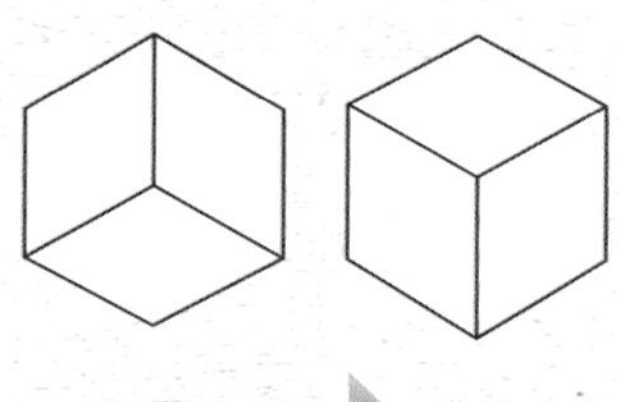

鈣鎂電氣石
巴西布魯馬多產出之鈣鎂電氣石外形很特別，是結晶的兩端形狀不同的「異極晶」。從正面看和從背面看結晶兩端的錐面相接稜線，會看到不同的樣子，是其一大特徵。

寶石的碎片——電氣石

電氣石是一群礦物的總稱。包括「鋰電氣石」、「鎂電氣石」、「鐵電氣石」等11種礦物，也有人會將藍色的電氣石都稱為藍電氣石（Indigolite）、將紅色的電氣石都稱為盧比來（Rubellite）。電氣石的英文名Tourmaline源自於拉丁語的Turamail，意為「寶石的碎片」。

蛋白石

Opal

非晶質　矽酸鹽礦物

蛋白石是非結晶類物質，但分類上仍屬於礦物。暈彩效果明顯的蛋白石又稱為「貴蛋白石（Precious opal）」；沒有暈彩效果或暈彩效果不明顯的蛋白石則稱為「一般蛋白石（Common opal）」。 ➡P.58 試著浸泡看看吧！

❶$SiO_2 \cdot nH_2O$ ❷無 ❸6 ❹無色、白、黃、橙、紅等 ❺白 ❻2.1

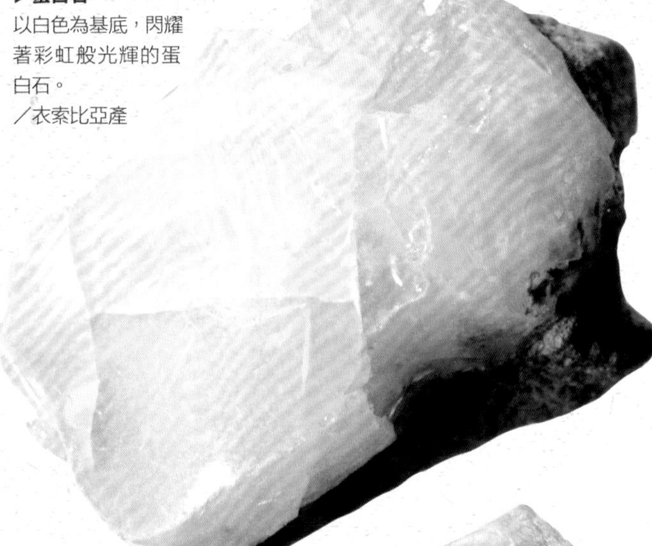

▶蛋白石

以白色為基底，閃耀著彩虹般光輝的蛋白石。／衣索比亞產

▶礫背蛋白石

鑲嵌在岩石間隙內的原石。若小心研磨，可將其磨成寶石。／澳大利亞產

◀玉滴石

在蛋白石中雖不被當作寶石，但外形有些奇特的礦石。如名稱所示，在岩石表面附著了像水滴般外形的石頭，以放大鏡觀察時，看起來就像是在岩石表面流動一樣。另外，以黑光燈照射時會發出螢光。／墨西哥產 ➡P.69 用光照射看看吧！

鑽石

Diamond

等軸晶系　元素礦物

由碳元素形成的元素礦物。「石墨」也同樣是由碳元素形成的礦物。石墨是鉛筆筆芯的原料。鑽石的摩氏硬度為10，是最硬的礦物；相較之下，石墨的硬度只有1，相當脆弱。

❶C ❷4個方向 ❸10 ❹無色、白、黃、粉紅等 ❺無色 ❻3.5

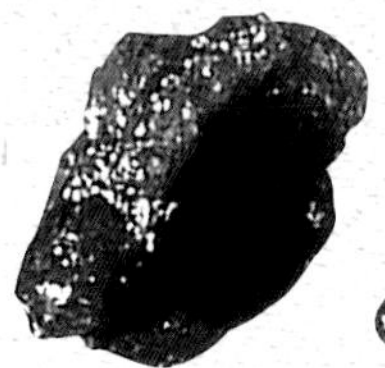

◀鑽石

各約1㎜左右。／皆為南非產

▶鑽石

天然鑽石結晶。為等軸晶系特有的八面體結構。／尚比亞產

磷灰石

Apatite

六方晶系　磷酸鹽礦物

與石榴石及電氣石類似，磷灰石也是一群礦物的總稱，可分為「氟磷灰石」、「氯磷灰石」、「羥磷灰石」等3種。動物的骨骼或牙齒的主要成分也是羥磷灰石。近年也在研究利用羥磷灰石製造人工骨骼的技術。

❶$Ca_5(PO_4)_3(F,CL,OH)$ ❷無 ❸5 ❹無色、白、綠、藍、黃、褐等 ❺白 ❻3.1～3.2

▶氟磷灰石

美麗的檸檬色結晶。／墨西哥產

鑽石易切割！易燃燒！

鑽石的解理為完全解理。因此雖然很硬，但只要順著解理方向切割便很好切開。而且，就算鑽石的結晶結構非常堅固，仍只是由碳元素組成的晶體。要是從地底深處突然上升到地面，結構會變得很不穩定。如果又處於高溫環境，就會變成石墨，或者與氧氣反應而氧化［*］。

❶…化學分子式 ❷…解理 ❸…摩氏硬度 ❹…顏色 ❺…條痕顏色 ❻…比重

礦石礦物

可以做為提煉金屬的原料、工業原料、工業材料的礦物，稱為「礦石礦物」。譬如說，我們可以從磁鐵礦與赤鐵礦中提煉出鐵，這2種礦物皆為富含鐵的岩石，統稱為「鐵礦石」。

❶…化學分子式 ❷…解理 ❸…摩氏硬度 ❹…顏色 ❺…條痕顏色 ❻…比重

水膽礬

Brochantite

單斜晶系 硫酸鹽礦物

結晶為針狀或柱狀的放射狀集合體。與孔雀石和塊銅礬十分相似，皆為銅的次生礦物〔*〕。英文名稱來自於法國的地質學者Brochant de Villiers。

❶$Cu_4SO_4(OH)_6$ ❷1個方向 ❸3.5～4 ❹綠～藍
❺淡綠 ❻4

◀**水膽礬**
細小的結晶呈放射狀散開。／墨西哥產

▲**孔雀石**
通常會以帶有條紋之塊狀礦石的形式產出，不過圖中的孔雀石為放射狀的美麗結晶。／剛果產

孔雀石

Malachite

單斜晶系 碳酸鹽礦物

與藍銅礦同樣屬於銅的次生礦物〔*〕，也被當作礦物顏料使用。顏色的名稱為「綠青」。銅製品上的銅鏽也叫做綠青，和孔雀石的成分相同。有漂亮條紋的孔雀石會被加工成寶石。

❶$Cu_2(CO_3)(OH)_2$ ❷1個方向 ❸3.5～4 ❹綠
❺淡綠 ❻4

如何分辨孔雀石與水膽礬

孔雀石與水膽礬皆可以放射狀的細小結晶存在。乍看之下難以區分出兩者，但淋上硫酸就可以分辨出它們的不同了。孔雀石會一邊溶解一邊冒泡，水膽礬雖也會溶解卻不會冒泡。

藍銅礦

Azurite

單斜晶系　碳酸鹽礦物

自古以來，藍銅礦就被當作礦物顏料「群青」的原料。藍銅礦是銅的礦床〔*〕風化後所形成的次生礦物〔*〕。孔雀石也是歷經同樣的過程形成，故有些礦石樣本中可以看到兩者共存，有時在藍銅礦內也可發現孔雀石化的部分。

❶$Cu_3(CO_3)_2(OH)_2$ ❷1個方向完全解理 ❸4 ❹藍
❺藍 ❻3.8

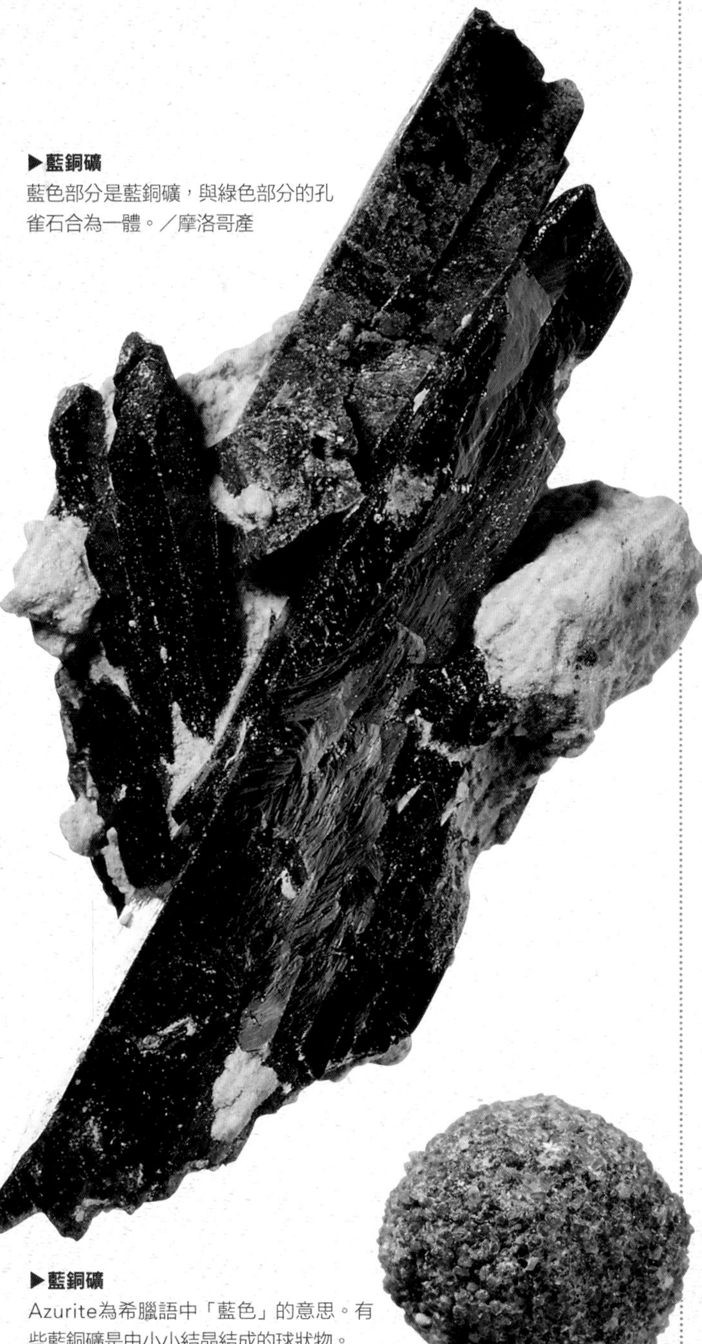

▶藍銅礦
藍色部分是藍銅礦，與綠色部分的孔雀石合為一體。／摩洛哥產

▶藍銅礦
Azurite為希臘語中「藍色」的意思。有些藍銅礦是由小小結晶結成的球狀物。
／美國 猶他州產 ➡P.57 試著剖開看看吧！

▶岩鹽
在柱狀石膏結晶上長出四角形岩鹽的有趣結晶。以黑光燈照射時，會產生粉紅色的螢光。
／波蘭產

◀岩鹽
劈裂後的碎片。由於結晶結構出現歪斜，看起來會是藍色。
／波蘭產

▶岩鹽
原本的結晶應為立方體，但卻因為出現骸晶〔*〕現象而呈現階梯般的外型。
／美國 加州產

岩鹽

Halite

等軸晶系　鹵化礦物

除了做為食鹽使用之外，也是鈉的來源。原本應為無色，卻常可看到粉紅色與藍色岩鹽。這是因為結晶中混入了鐵或硫等雜質，或者是輻射線改變了結晶結構，使結晶吸收某些波長的光，呈現出顏色。

➡P.71 用光照射看看吧！

❶NaCl ❷3個方向 ❸2 ❹無色～白、藍、紫、粉紅等
❺白 ❻2.2

螢石
Fluorite

等軸晶系　鹵化礦物

依化學分子式來看，晶體應為無色才對，然而實際上卻存在著各種顏色的螢石。之所以會有顏色，是因為晶體內含有雜質。若雜質為稀土元素〔*〕的話，以黑光燈照射時便會發出螢光。幾乎所有螢石在加熱時都會發光。

➡P.62 試著加熱看看吧！／P.68 用光照射看看吧！

❶CaF_2 ❷4個方向 ❸4 ❹無色、紫、粉紅、綠等 ❺白 ❻3.2

▶**螢石**
被石英包覆住的螢石。已用酸性溶液溶去一部分。／南非產

▲**螢石**
與金色的黃鐵礦一起出現，形狀很不可思議的樣本。／西班牙產

▼**螢石**
由富清爽感的藍綠色小結晶聚集而成的樣本。在黑光燈下會發出藍色光芒。／西班牙產

▼**螢石**
墨西哥有產出各種顏色的螢石。這是八面體結晶的螢石，是墨西哥的代表產品。／墨西哥產

◀螢石
2014年7月在法國的聖瑪莉礦物展覽會上首次發表的新產礦物[*]。看起來很黑，但用光線照射後，可以看到深藍色。以放大鏡觀察時，可以看到邊緣圓滑的六面體，是很有趣的形狀。另外，透明的部分為石英。／蒙古產

▼▲條紋狀螢石
切割下來的大塊樣本。市面上的美麗螢石多為研磨後的產品，不過圖中都是還沒研磨過的原石。
／皆為阿根廷產
➡P.60 試著研磨看看吧！

▲螢石
許多納米比亞產的螢石表面和深處有不同的顏色，強光照射下非常美麗。／納米比亞產

▶螢石
翡翠綠（emerald green）色的結晶。在黑光燈下會發出藍色螢光。／南非產

Fluorescence是什麼!?

Fluorescence為「螢光」之意。螢石在自然光中的紫外線照射下，會散發出強烈的光芒，也就是「螢光（Fluorescence）」現象，此現象的英文即是源自於「Fluorite（螢石）」。

▶**赤鐵礦**
有許多不規則凸起的奇怪形狀，因而很受歡迎。漂亮的赤鐵礦會被加工成寶石。
／摩洛哥產

赤鐵礦

Hematite

三方晶系　氧化礦物

隨著成長形式的不同而有不同的形狀，名字也各有不同。由接觸變質作用形成之雲母狀結晶聚集而成的「雲母鐵礦」、火山氣體昇華[*]後結晶出來的「鏡鐵礦」、水中鐵元素沉澱之處則可採集到「腎形赤鐵礦」。

❶Fe_2O_3　❷無　❸5.5　❹紅、黑　❺紅褐、黑等　❻5.3

▶**釩鉛礦**
每一個小小的結晶都是六邊形。
／摩洛哥產

釩鉛礦

Vanadinite

六方晶系　釩酸鹽礦

雖然也被稱為「褐鉛礦」，但也有橙色或灰色的種類，最近有許多礦物被分類為釩鉛礦。它是鉛礦的一種，亦屬於磷灰石類。

❶$Pb_5(VO_4)_3Cl$　❷無　❸3　❹紅、橙、黃褐、灰等
❺淡黃　❻6.9

黃鐵礦

Pyrite

等軸晶系　硫化礦物

鐵和硫所形成的礦物。會反射金色光芒，故常有人把它和黃金搞混，也被稱為「愚人金（Fool's Gold）」或「貓金（Cat's Gold）」。屬於等軸晶系，不過有時也會形成球體狀的結晶。

❶FeS_2　❷無　❸6～6.5　❹金、黃　❺綠～黑　❻5

◀▼**黃鐵礦**
左：立方體結晶。
下：十二面體結晶。
／皆為西班牙產

方鉛礦

Galena

等軸晶系　硫化礦物

重要的鉛礦之一。多以六面體結晶的形式產出。在還沒形成完整六面體之前，可以看到階梯般凹凸不平的樣子，沒有高低差的地方則可看到格子狀斑紋。

❶PbS　❷3個方向　❸2.5　❹鉛灰　❺鉛灰　❻7.6

◀**方鉛礦**
為完全解理，故剖開時可看到頂角皆為90度的六面體。
／美國 密蘇里州產

紅鋅礦

Zincite

六方晶系　氧化礦物

由鋅氧化物組成的單純礦物，不過數量相當稀少；比起天然樣本，市面上看到的通常是由工廠製造的。用肉眼難以分辨矽鋅礦和紅鋅礦的差別，但以短波長的黑光燈照射後便可看出差別，矽鋅礦會發出螢光，紅鋅礦則不會。

❶ZnO ❷1個方向 ❸4 ❹紅、橙 ❺黃橙 ❻5.6

▶紅鋅礦
位於美國紐澤西州的富蘭克林礦山與斯特林丘礦山皆曾盛產紅鋅礦，但現在已封山。目前這2座礦山已改為博物館。
／美國 紐澤西州富蘭克林礦山產

▶白鉛礦
形狀如雪的結晶般的白鉛礦，是納米比亞促美布礦山的特產，最近伊朗和摩洛哥也有產出這種美麗的礦石。
／摩洛哥產

白鉛礦

Cerussite

斜方晶系　碳酸鹽礦物

碳酸鹽礦物的一種，屬於霰石類礦物。有的樣本是呈鱗片般排列的橙色板狀結晶，也有的是看起來像星星的雙晶[＊]。

❶$PbCO_3$ ❷3個方向 ❸3～3.5 ❹無色、白 ❺白 ❻6.6

▶鈦鐵礦
結晶為六角板狀，看起來與赤鐵礦很像，但可由條痕顏色辨別兩者。
／加拿大產

鈦鐵礦

Ilmenite

三方晶系　氧化礦物

鈦的礦石礦物。鈦的重量輕又不會生鏽，故常做為鏡框或火箭材料等，有許多不同的用途。

❶$FeTiO_3$ ❷無 ❸5.5 ❹黑 ❺黑 ❻4.7

磁鐵礦

Magnetite

等軸晶系　氧化礦物

如名稱所示，擁有很強的磁性。砂鐵也是磁鐵礦的一種，用倍率較高的放大鏡或顯微鏡，可以看到它的八面體結構。

❶Fe_3O_4 ❷無 ❸5.5～6 ❹黑 ❺黑 ❻5.2

▲磁鐵礦
因為有磁力，所以會吸住迴紋針之類的東西。容易氧化，生鏽後會變成黑紅色。
／澳大利亞產

試著收集砂鐵吧！

將磁鐵放進塑膠袋內，放入砂中攪動，便可吸起許多砂鐵。接著放到托盤上，取出磁鐵，砂鐵便會紛紛落在托盤上。要蒐集砂鐵時，推薦使用淺砂礦床的砂，這裡聚集許多比重較大的礦物與元素。如果附近沒有砂的話，可以到五金行或均一價商店購買河砂，再從其中吸取出砂鐵。

❶…化學分子式 ❷…解理 ❸…摩氏硬度 ❹…顏色 ❺…條痕顏色 ❻…比重

石膏

Gypsum

單斜晶系　硫酸鹽礦物

我們常可看到工藝領域中用來製作模型的石膏，以及固定骨折部位的石膏，這些石膏都屬於熟石膏。另外，纖維狀的集合結晶是纖維石膏，顆粒狀的結晶是雪花石膏，透明的則是透石膏。

❶$CaSO_4 \cdot 2H_2O$ ❷1個方向 ❸2
❹無色～白、淡黃、淡褐等 ❺白 ❻2.3

▶玫瑰狀石膏
由放射狀結晶集合而成，如玫瑰花瓣般的花。與栗狀石膏的產地相同，但顏色與大小不一樣，所以用不同的名字販售。「玫瑰狀」或「栗狀」僅為暱稱。／皆為德國產

▲石膏
這種形狀又被稱為「沙漠中的玫瑰」。當沙漠中的綠洲乾涸時，就會出現這種形狀的礦物結晶。除了石膏之外，重晶石也會形成這種形狀的結晶。／墨西哥產

▶栗狀石膏
剖開後可以看到由中心往外延伸的放射狀結晶。／德國產
➡P.57 試著剖開看看吧！

▲綠石膏
如草皮般的結晶。／澳大利亞產

◀透石膏
產出透石膏的墨西哥奈卡礦山以其水晶洞（Cave of the Crystals）聞名。大型透石膏的半透明結晶在光線的照射下非常美麗，故也有「Maria Glass」的別名。有些雙晶〔*〕的外型與魚的尾鰭相似，也叫做「fishtail」。／墨西哥 奈卡礦山產

重晶石

Barite

斜方晶系　硫酸鹽礦物

含有鋇的重要礦石礦物。和胃部檢查時服用的鋇顯影劑成分（硫酸鋇）相同。同樣含鋇的礦物還包括由碳酸鋇組成的毒重石（➡P.51），毒重石如其名稱所示，誤食的話會中毒。

❶$BaSO_4$ ❷3個方向 ❸3～3.5 ❹無色～白、淡黃、淡藍等 ❺白 ❻4.5

▶重晶石
黃色透明的結晶產於秘魯，帶有些許粉紅色的結晶則產於義大利，此外還有許多不同顏色的重晶石。其中，產於摩洛哥的重晶石是帶著一點水藍色的透明樣本，相當受歡迎。／摩洛哥產

▼重晶石
重晶石大多為具透明感的結晶，不過也有些結晶受沙漠的砂影響而呈現這種顏色。／摩洛哥產

錫石

Cassiterite

正方晶系　氧化礦物

成分有80%是錫的重要礦石礦物。較能承受風化作用，比重亦較大。有時也會混在砂裡面，稱為砂錫。

❶SnO_2 ❷無 ❸6.5 ❹褐～黑 ❺淡黃 ❻7

▶錫石
金屬光澤為其特徵。／玻利維亞產

試著從砂錫中提煉出錫吧！

烤肉的時候，可以拿出一塊燒紅的炭，在上面撒上砂錫（較細小的錫石）。錫石的化學分子式為SnO_2，也就是由錫（Sn）和氧（O）組成的分子，或者說是氧化態的錫。將砂錫放在燒紅的炭上時，會使其中的氧元素（O）和炭的碳元素（C）結合成二氧化碳（CO_2），使氧化錫還原［*］，提煉出錫。

一定要由大人陪同在室外進行，並注意不要被灼傷。

❶…化學分子式 ❷…解理 ❸…摩氏硬度 ❹…顏色 ❺…條痕顏色 ❻…比重

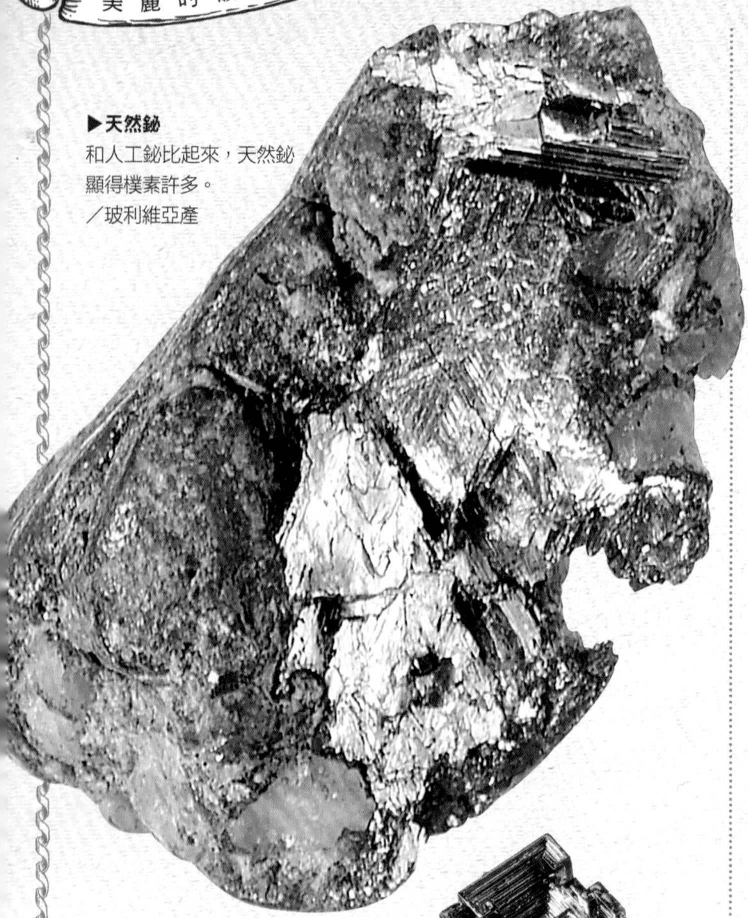

▶天然鉍
和人工鉍比起來，天然鉍顯得樸素許多。
／玻利維亞產

▶人工鉍
人工結晶的鉍有著和天然鉍完全不同的顏色與形狀。彩虹般的干涉色十分美麗而相當受歡迎。
➡P.72 試著製作看看吧！

天然鉍
Native bismuth
三方晶系　元素礦物

鉍的金屬礦物。比重比鉛還要大，剛採集出來時為帶著些微紅色的銀白色，放在空氣中一陣子會氧化變成較暗淡的顏色。天然鉍不太容易見到，常看到的通常是人工鉍。

❶Bi ❷1個方向 ❸2~2.5 ❹銀白 ❺銀白 ❻9.8

硃砂
Cinnabar
三方晶系　硫化礦物

硃砂是水銀的礦石礦物，不過目前日本已不再從水銀礦石中精煉[*]水銀。許多中世紀歐洲的煉金術師，皆相當熱中於研究如何使用名為「賢者之石」的硃砂，讓非金屬轉變成黃金。

❶HgS ❷3個方向 ❸2~2.5 ❹深紅 ❺紅 ❻8.2

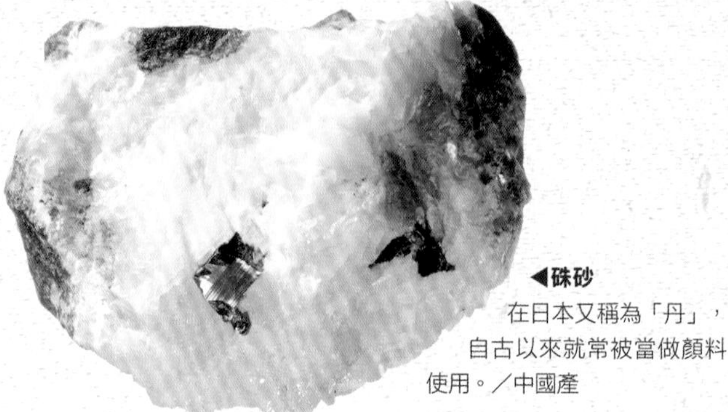

◀硃砂
在日本又稱為「丹」，自古以來就常被當做顏料使用。／中國產

天然水銀
Native mercury
非晶質　元素礦物

水銀具有雖然是金屬，但常溫下是液體的特殊性質，是很重要的元素礦物。水銀的毒性非常強，現在已很少使用。

❶Hg ❷無 ❸常溫下為液體故不適用 ❹銀白
❺常溫下為液體故不適用 ❻13.6

▶天然水銀
水銀的礦石礦物。常與硃砂一起產出，從這個樣本上的箭頭部分可產出水銀。／西班牙產

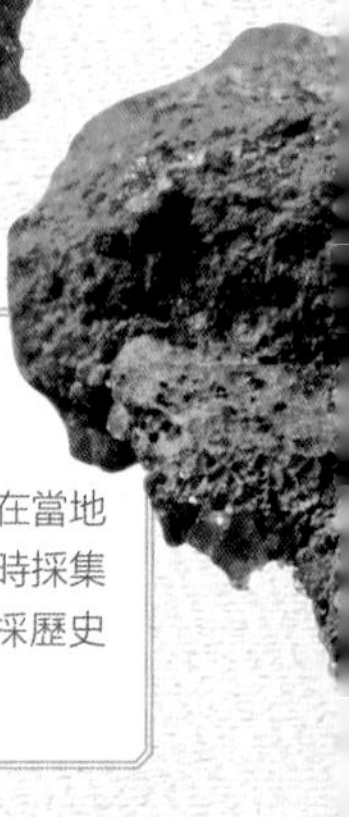

日本有著世界著名的水銀礦山！

位於北海道北見市的Itomuka礦山，曾是盛產水銀的礦山。因在當地發現了硃砂而開始開採工作。主要的採集礦物為硃砂，不過同時採集到了大量優質水銀，是世界罕見的水銀礦山。經過33年的開採歷史後，於1974年時停止開採。

❶…化學分子式 ❷…解理 ❸…摩氏硬度 ❹…顏色 ❺…條痕顏色 ❻…比重

異極礦

Hemimorphite

斜方晶系　矽酸鹽礦物

名稱的由來是因為晶體兩極（兩端）的形狀不同。晶體的一端凸起，另一端則是平面。由於大多是長在母岩[*]上，難以同時確認晶體兩端的樣子，但如果可以一次觀察大量結晶的話，就可以看出有些結晶末端凸起，有些結晶末端為平面。

❶$Zn_4(Si_2O_7)(OH)_2 \cdot H_2O$ ❷2個方向 ❸5
❹無色～白、淡藍、淡黃 ❺白 ❻3.5

▶異極礦
部分呈現藍色是因為含有少量的銅。／中國產

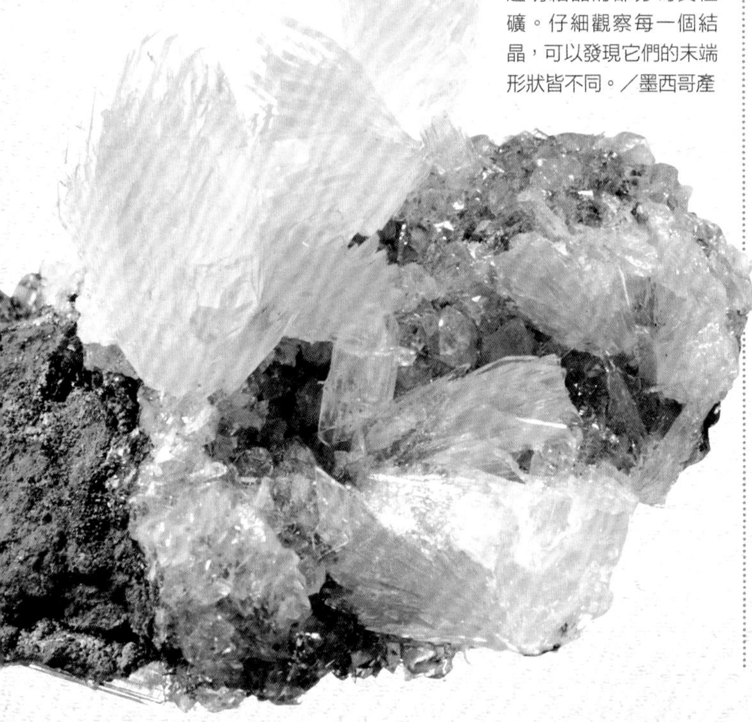

▼異極礦
透明結晶的部分為異極礦。仔細觀察每一個結晶，可以發現它們的末端形狀皆不同。／墨西哥產

◀天然金
與石英一起採集下來的黃金。看起來是金色的部分，其實含銀量很高。
／美國 內華達州產

天然金

Native gold

等軸晶系　元素礦物

在礦山中採集到的金通常混在銀裡面，以固溶體的形式存在。另一方面，在河川中採集到的砂金，則具有含銀量較低的特性。

❶Au ❷無 ❸2.5～3 ❹金黃 ❺金黃 ❻19.3

▶菱錳礦
錳的礦石礦物。其中較美麗的也稱為印加玫瑰（Incarose），是很受歡迎的寶石。／秘魯產

菱錳礦

Rhodochrosite

三方晶系　碳酸鹽礦物

1813年於羅馬尼亞首次發現，不過目前的菱錳礦多產自南美。名稱中有「菱」是因為其結晶形狀為菱形六面體。能依其解理輕鬆剖開這點，與方解石十分相似，是有些歪斜的六面體。

❶$MnCO_3$ ❷3個方向 ❸4 ❹粉紅、紅等 ❺白 ❻3.7

天然硫

Native sulfur

斜方晶系 | 元素礦物

從火山噴氣口所噴發出的氣體中，包含硫化氫與二氧化硫，當這些化合物急速冷卻時，便會形成硫礦。若晶體快速成長，常會形成骸晶〔*〕。金屬若靠近這些礦物的話會變黑（硫化作用），需特別注意。最好將硫存放在密閉容器內。

❶S ❷無 ❸1.5～2.5 ❹黃、褐 ❺白 ❻2.1

▶**天然硫**
俄羅斯與義大利的西西里島上，孕育著許多很大的硫礦結晶。
／俄羅斯產

▲**天然硫**
左上：成長較快速，故透明度較低。／玻利維亞產
右上：透明度較高，結晶較大顆，故可推斷其成長速度較緩慢。／俄羅斯產

若緩慢地冷卻，則可得到透明度高的硫礦！

火山噴氣口附近的硫礦因為是急速冷卻結晶，故晶體較小。若能緩慢地結晶的話，就可得到透明度較高的樣本。圖中黃色部分為硫、淡藍色部分為天青石、白色部分為水晶。／美國 密西根州產

滑石

Talc

單斜晶系・三斜晶系 | 矽酸鹽礦物

硬度很低的礦物，很容易在上面劃出刮痕，甚至可以將晶體彎曲。樣本多為薄片狀結晶的集合，若含有雜質，則會呈現綠色或粉紅色。因為硬度很低，故可以用美工刀切片。

❶$Mg_3Si_4O_{10}(OH)_2$ ❷1個方向 ❸1 ❹白～淡綠等 ❺白 ❻2.8

▶**滑石**
可用在化妝品、紙、粉筆、食品添加物或醫療用品等領域。
／澳大利亞產

膽礬

Chalcanthite

三斜晶系 | 硫酸鹽礦物

硫酸銅的礦石礦物。市面上有許多國外製造的人工結晶（→P.81）。人工結晶的膽礬通常是三斜晶系的典型形狀，不過天然膽礬常呈現冰柱狀。在銅的礦坑中，常可看到從上方垂下或從側面長出來的膽礬柱，又被稱為「藍色鐘乳石」。

❶$CuSO_4 \cdot 5H_2O$ ❷無 ❸2.5 ❹藍 ❺白 ❻2.3

▲**膽礬**
如藍色冰柱般的結晶。
／美國 亞利桑那州產

其他礦物

除了前面介紹的之外，還有許多形狀、顏色相當有趣的礦物。以下將介紹不屬於寶石礦物、也不屬於礦石礦物的其他礦物。

❶…化學分子式 ❷…解理 ❸…摩氏硬度 ❹…顏色 ❺…條痕顏色 ❻…比重

白雲母

Muscovite　單斜晶系（擬六方晶系）　矽酸鹽礦物

主成分為鉀和鋁的雲母。雖然是單斜晶系，但外型為六邊形，故看起來很像六方晶系。

❶ $KAl_2(AlSi_3O_{10})(OH,F)_2$ ❷1個方向 ❸2.5～3.5
❹無色～白、淡綠、淡粉紅、淡黃等 ❺白 ❻2.8

◀白雲母
雖是單斜晶系，但外型為六邊形，故看起來很像六方晶系。／巴西產

鋰雲母

Lepidolite　單斜晶系　矽酸鹽礦物

由於形狀的關係，也被稱為鱗雲母或紅雲母。粉紅色澤源自於礦石內的少量鋰元素。

❶ $K(Li,Al)_3[(Si,Al)_4O_{10}](F,OH)_2$ ❷1個方向
❸2.5～3.5 ❹灰、粉紅、紫等 ❺白 ❻2.8

▼鋰雲母
粉紅色的鋰雲母內部還有一塊較透明、顏色較淡的菱形結晶，這個部分也是鋰雲母。／巴西產

▲鋰雲母
看起來圓圓的結晶，像是鱗片般彼此重疊。／巴西產

金雲母

Phlogopite　單斜晶系　矽酸鹽礦物

若將金雲母的鎂（Mg）置換成鐵（Fe），就會成為鐵雲母。金雲母和鐵雲母是所謂的連續固溶體。若鎂含量較多的話，就比較偏黃色；鐵含量較多的話，就比較偏黑色。也有人把它們統稱為「黑雲母」。

❶ $KMg_3(AlSi_3O_{10})(F,OH)_2$ ❷1個方向 ❸2～2.5
❹無色～黃褐、暗褐～黑褐等 ❺白 ❻2.8～2.9

◀金雲母
此樣本偏黑，故可知鐵的含量偏高。結晶像紙張般可輕鬆地一片片剝離。／俄羅斯產
➡P.55 試著剖開看看吧！

星雲母

Star mica　單斜晶系　矽酸鹽礦物

星雲母為柔和的金色星形結晶，故被稱為star mica。之所以會呈現星形，是因為晶體為雙晶［*］。

❶ $KAl_2(AlSi_3O_{10})(OH,F)_2$ ❷1個方向 ❸2.5～3.5
❹無色～白、淡綠、淡粉紅、淡黃等 ❺白 ❻2.8

▶星雲母
常生長於母岩［*］上，所以通常只能看到星形的一部分。完整的星雲母會是有六個角的六芒星，也就是所謂的大衛之星的形狀。／巴西產

「雲母（Mica）」為一群礦物的總稱。是造岩礦物的一種！

中國古代認為雲母是雲的「故鄉」，故以此命名。日本則是因其會閃閃發亮（kirakira），故將雲母稱為「kirara」。並利用其閃閃發亮的性質，製造出和紙中的雲母紙、礦物顏料，以及所謂的「雲母粉」，用在各種有趣的地方。由於雲母的隔熱效果很好，又不容易裂損，所以可做為暖爐的製材等，此外還有許多用途。由於雲母不屬於金屬或工業用原料，故不屬於礦石礦物。

▶片沸石
藏於玄武岩晶洞內的結晶。由於其反射出來的光輝特別美麗，故日語中稱為輝沸石。／印度產

▶南極石
亦存在於火星。
／美國 加州 布里斯托湖產

片沸石

Heulandite

單斜晶系 矽酸鹽礦物

片沸石為一群礦物的總稱，其中包括「鈣片沸石」、「鍶片沸石」、「鈉片沸石」、「鉀片沸石」等。片沸石晶格內的空隙含有水分子，這些水分子又稱為「結晶水」。加熱片沸石可分離水分，分離時的樣子就像石頭在沸騰一樣，所以命名為沸石。

❶$NaCa_4(Si_{27}Al_9)O_{72}\cdot 24H_2O$ ❷1個方向 ❸4
❹無色～白、淡粉紅、淡黃、紅褐等 ❺白 ❻2.1～2.3

南極石

Antarcticite

三方晶系 鹵化礦物

最初發現於南極大陸維多利亞地的唐胡安池，故命名為南極石。其英文名稱亦源自於「南極大陸」的英文「Antarctica」。熔點[*]為25℃，故需將結晶置於觀察用的容器內，再放入冷藏庫保存。

❶$CaCl_2\cdot 6H_2O$ ❷2個方向 ❸2～3 ❹無色
❺白 ❻1.7

▼▶魚眼石
解理面就像魚眼般閃閃發亮，故名為魚眼石。
／皆為印度產

白色部分為輝沸石。其特徵是具有玻璃或珍珠般的光澤。／印度產

魚眼石

Apophyllite

正方晶系 矽酸鹽礦物

魚眼石為一群礦物的總稱，其中包括「氟魚眼石」、「氫氧魚眼石」、「鈉魚眼石」等，若未特別指稱，一般是指氟魚眼石。氟魚眼石和氫氧魚眼石皆為正方晶系，不過在日本岡山縣發現的鈉魚眼石則是斜方晶系。

❶$KCa_4Si_8O_{20}(F,OH)\cdot 8H_2O$ ❷1個方向 ❸5
❹無色、白、綠、黃、粉紅等 ❺白 ❻2.3～2.4

輝沸石

Stilbite

單斜晶系 矽酸鹽礦物

輝沸石也是一群礦物的總稱，其中包括「鈣輝沸石」、「鈉輝沸石」等。結晶為成束排列的板柱狀晶體，故日語中稱為束沸石。

❶$NaCa_4(Si_{27}Al_9)O_{72}\cdot 28H_2O$ ❷1個方向 ❸3.5～4
❹白、粉紅、黃、褐等 ❺白 ❻2.2

鎂明礬

Pickeringite

單斜晶系 硫酸鹽礦物

含有「鎂」（Mg）的明礬，就叫做「鎂明礬」。有些明礬含有鐵（Fe），就叫做「鐵明礬」，兩者可以固溶體的形式共存，且兩者皆亦溶於水。

❶$MgAl_2(SO_4)_4 \cdot 22H_2O$ ❷無 ❸1.5 ❹無色、白 ❺白 ❻1.7～1.8

▲鎂明礬
以毛狀集合體的形式產出。有著如絲綢般的光澤。／印度產

纖水矽鈣石

Okenite

三斜晶系 矽酸鹽礦物

首度發現於格陵蘭，由德國的自然研究學者洛倫茲・奧肯（Lorenz Oken）命名。可能為單獨出現的結晶，也可能出現在玄武岩的晶洞內，或與葡萄石一起出現等。

❶$Ca_5Si_9O_{23} \cdot 9H_2O$ ❷1個方向 ❸4.5～5 ❹無色、白、淡黃、淡藍 ❺白 ❻2.2～2.4

◀纖水矽鈣石
玄武岩晶洞內的纖水矽鈣石。看起來鬆鬆軟軟的白色結晶是纖水矽鈣石，較硬的部分是白鈣沸石。隨著印度的近代化，產量亦急遽減少。／印度產

錳鋇礦

Hollandite

單斜晶系 氧化礦物

名稱源自於曾任印度地質調查所所長的Holland。在風化後的含錳礦床中可採集到許多錳鋇礦，最近市面上出現許多錳鋇礦，是以水晶內的黑色芒星形式存在。

❶$BaMn_8O_{16}$ ❷有 ❸4～6 ❹黑 ❺黑 ❻4.7～5

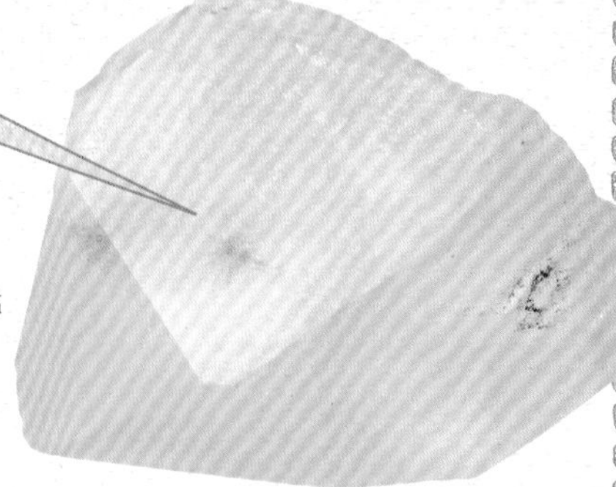

▲錳鋇礦
內部有像星芒般呈放射狀的錳鋇礦結晶。在美國又被稱為蜘蛛水晶。／馬達加斯加產

方解石

Calcite

三方晶系 碳酸鹽礦物

如化學分子式所示，原本應為無色，但若混入少許雜質，則會轉變成粉紅、藍、綠等各種顏色。有許多完全解理、外型有如被壓斜的火柴盒般的方解石結晶流通於市面。

❶$CaCO_3$ ❷3個方向 ❸3 ❹無色～白、灰、粉紅等 ❺白 ❻2.7

▶錳方解石
富蘭克林礦山產出許多螢光礦物。／美國 紐澤西州 富蘭克林礦山產
➡P.71 用光照射看看吧！

◀方解石
Elmwood礦山產出的麥芽糖色（金色）犬牙狀[*]方解石為世界著名的方解石。其母岩[*]的閃鋅礦也很受歡迎，又被稱作Ruby jack。
／美國 Elmwood礦山產

「大理石」就是由方解石組成的！

方解石是石灰岩的主成分。事實上，鐘乳洞內的鐘乳石也是由方解石組成。岩漿與石灰岩接觸時所形成的美麗岩石，就是我們所知道的「大理石」。

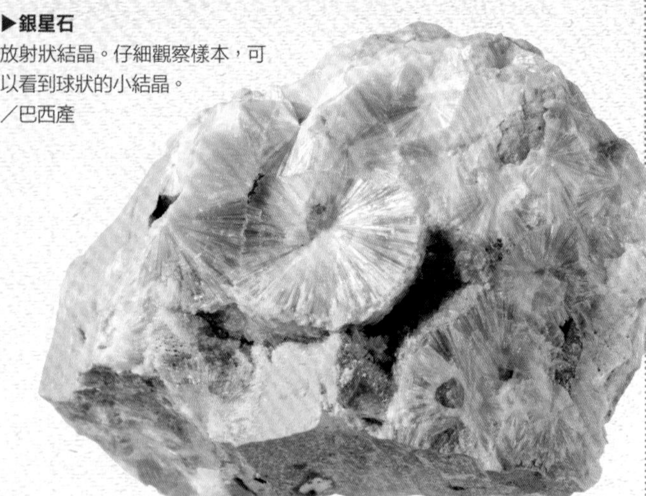

▶銀星石
放射狀結晶。仔細觀察樣本，可以看到球狀的小結晶。
／巴西產

銀星石

Wavellite

斜方晶系 磷酸鹽礦物

1805年首度發現於英國德文郡，以其發現者William Wavell的名字命名。多為球狀結晶，球狀結晶內部有著細小的針狀結晶呈放射狀排列。雖名為銀星石，但多數樣本是綠色或黃色。

❶$Al_3(PO_4)_2(OH,F)_3 \cdot 5H_2O$ ❷2個方向 ❸3.5～4
❹無色、黃綠、黃 ❺白 ❻2.4

▲水磷銅礦
藍綠色部分即為水磷銅礦。
／墨西哥產

水磷銅礦

Ludjibaite

三斜晶系 磷酸鹽礦物

英文名稱源自於剛果民主共和國的Ludjiba山，1887年在這裡首度發現水磷銅礦。與氫氧磷銅礦（Reichenbachite）和假孔雀石（Pseudomalachite）化學成分相同（同質異晶）。

❶$Cu_5(PO_4)_2(OH)_4$ ❸4～4.5 ❹藍綠

斜矽鋁銅礦

Ajoite

三斜晶系 矽酸鹽礦物

英文名稱源自於其原產地——美國亞利桑那州的阿喬（Ajo）。阿喬地區的礦山以銅為主要開採礦物，不過現在已經封山。過去只有在原產地才採集得到，是一種稀有礦物〔*〕，不過後來在南非發現被包埋在水晶內的斜矽鋁銅礦，現在看到的斜矽鋁銅礦大多伴隨著水晶出現。

❶$K_3Cu^{2+}20Al_3Si_{29}O_{76}(OH)_{16} \cdot 8H_2O$ ❷有 ❸3.5
❹藍綠 ❺淡綠 ❻2.9

▶斜矽鋁銅礦
擁有美麗藍綠色的原產地樣本。／美國 亞利桑那州阿喬產

鋅孔雀石

Rosasite

單斜晶系 碳酸鹽礦物

1908年首度發現於義大利薩丁尼亞島的Rosas礦山，故以其為名。在日本被稱為鋅孔雀石。

❶$(Cu^{2+},Zn)_2(CO_3)(OH)_2$ ❷2個方向 ❸4.5
❹藍、藍綠、淡藍等 ❺淡綠 ❻4～4.2

▶鋅孔雀石
清爽的藍綠色細小結晶如花朵般聚集成團狀。表面附著的透明結晶為透石膏。
／摩洛哥產

五角石

Pentagonite 斜方晶系 矽酸鹽礦物

與水矽釩鈣石的化學成分相同，晶體結構卻有所差異的礦物（同質異晶）。因其雙晶［*］結構而使外型呈現出五角形的樣子，故名為五角石。

❶$Ca(VO)Si_4O_{10} \cdot 4H_2O$ ❷有 ❸3～4 ❹藍 ❺藍 ❻2.3

▲藍矽銅礦

由天鵝絨般細緻的針狀結晶聚集而成的藍矽銅礦。／美國 亞利桑那州產

▶五角石

晶體細長，僅約1㎜粗。截面為星型。／印度產

藍矽銅礦

Shattuckite 斜方晶系 矽酸鹽礦物

銅的次生礦物［*］。1915年首度發現於亞利桑那州比斯比（Bisbee）的Shattuck礦山。會幾乎覆蓋住整個母岩［*］，故多以球狀結晶的形式存在。

❶$Cu_5(SiO_3)_4(OH)_2$ ❷2個方向 ❸3.5 ❹藍 ❺藍 ❻3.8

水矽釩鈣石

Cavansite 斜方晶系 矽酸鹽礦物

鮮豔的藍色來自於釩的顏色。英文名稱來自它的成分，由鈣（Calcium）的Ca和釩（Vanadium）的Van組合而成。

❶$Ca(VO)Si_4O_{10} \cdot 4H_2O$ ❷1個方向 ❸3～4 ❹藍 ❺藍 ❻2.3

◀方硼石

由五邊形與六邊形的面組合而成的結晶。／德國產

◀水矽釩鈣石

細小的結晶聚集成球狀。／印度產

方硼石

Boracite 斜方晶系（擬等軸） 硼酸鹽礦物

「方」這個字意為「四個直角」，常用於等軸晶系礦物的命名。而屬於斜方晶系的方硼石之所以也會用到方這個字，是因為這種礦物的結晶在高溫下為等軸晶系，然而當溫度降低時，晶體結構便會轉變成斜方晶系，不過外型不會跟著改變。

❶$Mg_3B_7O_{13}Cl$ ❷無 ❸7.5 ❹無色～白、綠 ❺白 ❻3

如何分辨水矽釩鈣石和五角石

五角石也可能會聚集成球狀，形成與水矽釩鈣石類似的樣本。因五角石幾乎都是以雙晶［*］的形式出現，所以如果看到雙晶的話，通常就會是五角石。不過，水矽釩鈣石也存在雙晶結構。另外，最明顯的差異是伴隨出現的礦物。五角石會與莫登沸石或片沸石一起出現，幾乎不會與輝沸石一起出現；而水矽釩鈣石則會與輝沸石一起出現。用這2點來分辨它們吧。

❶…化學分子式 ❷…解理 ❸…摩氏硬度 ❹…顏色 ❺…條痕顏色 ❻…比重

▲▼玄能石
上方樣本的白色部分是砂岩，將白色部分去除後，便可得到下方樣本。
／皆為俄羅斯產

玄能石（六水碳鈣石假晶[*]）

Glendonite（Ikaite） 單斜晶系 碳酸鹽礦物

首度於格陵蘭的Ikka fjord發現，故名為Ikaite。生成於水溫非常低的海底湧泉（生成溫度為0～5℃）。不過，從水中取出時會急速流失水分，晶體結構也隨之崩解（8℃以上便開始脫水分解），可做為樣本帶回的只有Ikaite的假晶，被稱為玄能石（Glendonite）。

❶$CaCO_3 \cdot 6H_2O$ ❹白

礦物資料中的化學分子式是Ikaite形式的情況，故含有結晶水分子（$6H_2O$）。不過，樣本已經是脫水狀態的玄能石，其化學分子式僅為$CaCO_3$。

纖水碳鎂石

Artinite 單斜晶系 碳酸鹽礦物

名稱來自義大利的礦物學者Artini。是蛇紋岩[*]風化後生成的礦物，多以蛇紋岩為母岩，或者生長於其間隙內。

❶$Mg_2(CO_3)(OH)_2 \cdot 3(H_2O)$ ❷有 ❸2.5 ❹白 ❺白 ❻2

▼纖水碳鎂石
有著如絲綢般光澤，聚集成放射狀的白色針狀結晶。母岩為蛇紋岩。／美國 加州產

雌黃

Orpiment 單斜晶系 硫化礦物

中文將石黃稱為雌黃、雞冠石稱為雄黃（日文則相反）。雌黃過去曾做為黃色顏料使用，日文中的雄黃色就是由雌黃所製作出來的礦物顏料。

❶As_2S_3 ❷1個方向 ❸1.5～2 ❹黃、橙 ❺淡黃 ❻3.5

▶雌黃
有黃色光澤的部分為雌黃，偏橙色的部分則是雞冠石（雄黃）。仔細觀察後可發現還有比雞冠石的顏色更紅更鮮豔的礦物——硫砷銻礦（Getchellite）。
／美國 內華達州產

▼鐵砷石
聚集在一起的橙色針狀結晶。母岩為砷鐵礦。／摩洛哥產

鐵砷石

Karibibite　斜方晶系　砷酸鹽礦物

砷酸鹽礦物中，很少含有鐵的成分。因此鐵砷石可說是稀有礦物[*]。

❶ $Fe^{3+}2As^{3+}4(O,OH)_9$ ❸1～2 ❹橙 ❺淡黃 ❻4.1

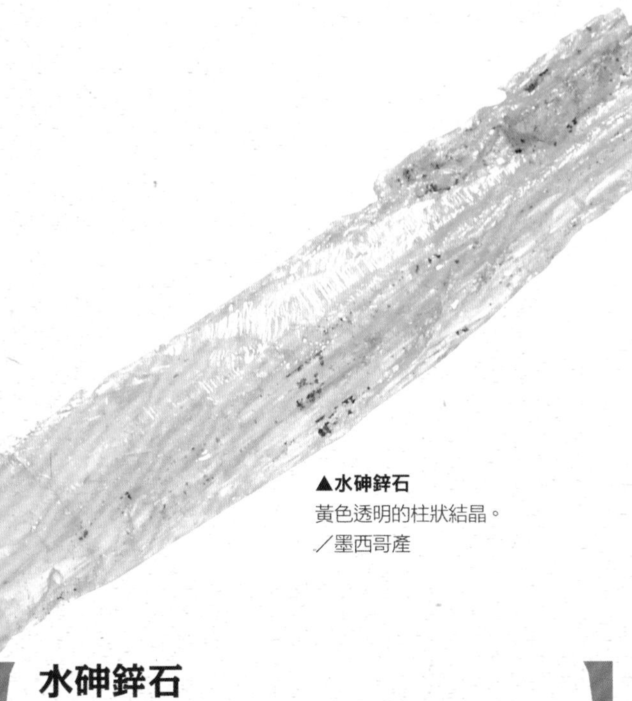

▲水砷鋅石
黃色透明的柱狀結晶。
／墨西哥產

水砷鋅石

Legrandite　單斜晶系　砷酸鹽礦物

礦物名稱來自比利時的礦業家Legrand。日本的岡山縣扇平礦山和宮崎縣土呂久礦山也可採集到。

❶ $Zn_2AsO_4(OH)\cdot H_2O$ ❷無 ❸4.5 ❹淡黃 ❺白 ❻4.0

毒重石

Witherite　斜方晶系　碳酸鹽礦物

胃部檢查時所喝下的鋇顯影劑（與礦物中的重晶石成分相同，皆為硫酸鋇）在服用後可直接排出。但若不慎誤服毒重石，其成分中的碳酸鋇會被胃分解，使有害的鋇離子經腸道吸收。毒重土石是它的別名，但不管是哪個名字，都包含有表現出毒性的「毒」字。

❶ $BaCO_3$ ❷1個方向 ❸3～3.5 ❹無色、白、淡黃 ❺白 ❻4.3

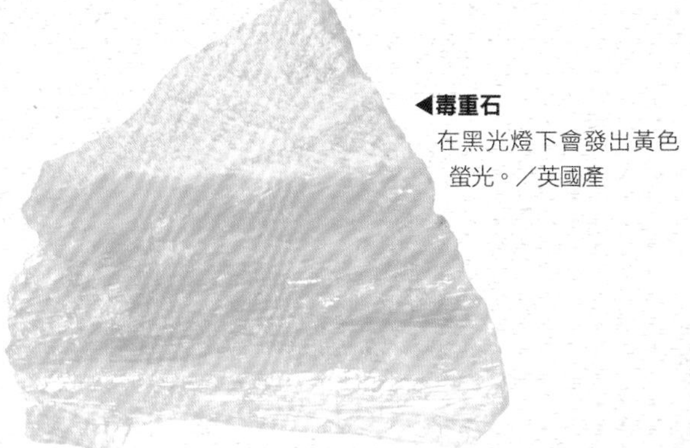

◀毒重石
在黑光燈下會發出黃色螢光。／英國產

寧靜石

Tranquillityte　六方晶系　矽酸鹽礦物

原先於月球的「寧靜海（Sea of Tranquility）」發現這種礦石，故以其為名。阿波羅11號將其帶回時，人們認為地球上沒有相同的礦物。直到後來於澳大利亞發現同樣的礦物。

❶ $Fe^{2+}8(Zr,Y)_2Ti_3[O_{12}I(SiO_4)_3]$ ❹黑褐 ❻4.7

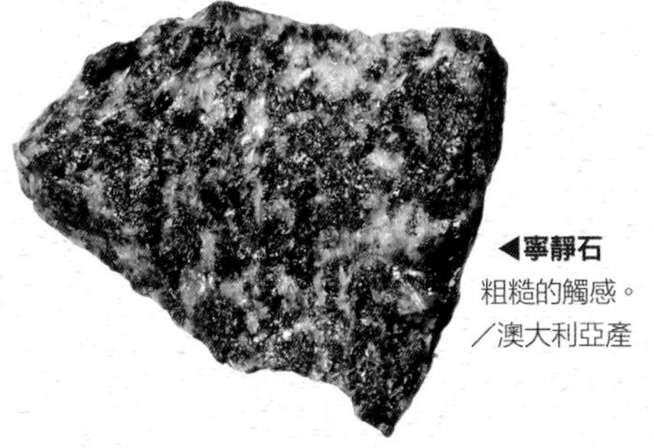

◀寧靜石
粗糙的觸感。
／澳大利亞產

寧靜石是月之石!?

阿波羅計畫中，每次都會從月球表面採集石頭回來。他們在月球上找到了輝石、磷灰石、鈦鐵礦、橄欖石、石榴石等地球上也有的礦物，也發現了地球上沒有的天然鐵。其中，寧靜石與阿姆阿爾柯爾礦石（armalcolite）這兩種礦物雖然在地球上也找得到，但首次發現卻是在月球，故仍留下了原產地為月球這一浪漫的記錄。

❶…化學分子式 ❷…解理 ❸…摩氏硬度 ❹…顏色 ❺…條痕顏色 ❻…比重

準礦物

準礦物指的是看起來很像礦物，但卻沒有結晶結構的石頭。因為沒有結晶，故國際礦物學協會[*]不將其列為礦物。

❶…化學分子式 ❷…解理 ❸…摩氏硬度 ❹…顏色 ❺…條痕顏色 ❻…比重

琥珀

Amber

非晶質　有機物

琥珀為樹脂的化石。北歐波羅的海沿岸、中國撫順、多明尼加等皆為著名產地。日本岩手縣的久慈地方也可採集到中生代白堊紀後期的琥珀。

❶$C_{10}H_{16}O^{+}$（H_2S） ❷無 ❸2～2.5
❹黃、茶褐～紅褐 ❺白 ❻1.1

◀琥珀
幾乎所有琥珀在黑光燈照射下都會發出螢光，其中有些還會發出美麗的藍色螢光，故又被稱為「藍琥珀」。／蘇門答臘產

黑曜石

Obsidian

非晶質　火山玻璃

黑曜石為天然玻璃。成分屬於火山岩的一種，若流紋岩[*]玻璃質石基上有許多斑晶[*]，則稱為「雪花黑曜石（Snowflake Obsidian）」。

❶SiO_2 ❷無 ❸5～5.5 ❹黑、灰、深綠、紅、黃 ❺淡黃
❻2.5

◀黑曜石
截斷面非常鋒利，切口狀似雙殼貝，因此從很早以前，世界各地的人們便以此製成箭頭或刀具等石器。
／美國 亞利桑那州產

▶矽華
形狀看起來就像金平糖一樣，故也稱為金平糖矽華，或金平糖石。
／秋田縣
後生掛溫泉產

矽華

Siliceous sinter

非晶質

常出現在矽酸泉（富含矽酸的礦泉）湧出口。主要成分為二氧化矽，也被稱為矽華。與蛋白石一樣為非晶質。

❶SiO_2 ❷無 ❸7 ❹無色～白 ❺白 ❻2.65

「玻璃隕石」是什麼呢!?

是玻璃做的隕石嗎？不對不對，不是這個意思！隕石落在地球表面時，衝擊力道與熱量會使地表融化，之後再漸漸凝固。其中如果含有石英成分的話，凝固後就會形成玻璃。因此，玻璃隕石是指藉由隕石落下時的熱量重塑而成的玻璃。最常看到的玻璃隕石是名為「Tektite」的黑色團塊（右方照片）。玻璃隕石常以採集到該物的地點命名。在利比亞沙漠中採集到的檸檬色玻璃，就被稱為利比亞玻璃（Libyen Glass）。帶有些許透明感的綠色玻璃（左方照片），則被稱為綠玻隕石（Moldavite）。約1億4800萬年前，在現今的波西米亞平原附近發生了隕石撞擊，進而產生了這些罕見的綠玻隕石。

Chapter 3 動手做礦物實驗

為什麼觀察角度不同時，看到的顏色就會不一樣呢？很不可思議嗎？試著拿礦物來做做看各種實驗吧。剖開、浸泡、研磨、燃燒、照光、製作結晶。讓我們從這些實驗中，觀察礦物或組成礦物之元素有哪些性質吧。

小心操作，避免受傷。會用到火的實驗務必請大人陪同。

剖開

欲剖開礦物時，會有較容易裂開的方向，內部看起來聚集了許多閃閃亮亮的東西，十分不可思議，有時還會有令人驚奇的發現。

了解礦物的特性、解理

敲打實驗

礦物在某些方向上較容易裂開，這種性質稱為「解理」(→P.13)。讓我們來敲敲看各種礦石，看它們在哪個方向上較容易裂開吧。

【方解石 (→P.47)】
這次實驗使用的是已沿著解理剖開的方解石。／美國紐澤西州 富蘭克林礦山產

準備材料

- □ 方解石
- □ 濕紙巾
- □ 鐵鎚

※若沒有濕紙巾的話，也可用沾濕的廚房紙巾代替。

剖開方解石

[難易度] ★☆☆☆☆

實驗步驟

1 為防止敲打時，方解石的碎片亂飛，可以用濕紙巾包住方解石。

2 一手壓著石頭，另一手拿著鐵鎚對準方解石的中央敲擊。

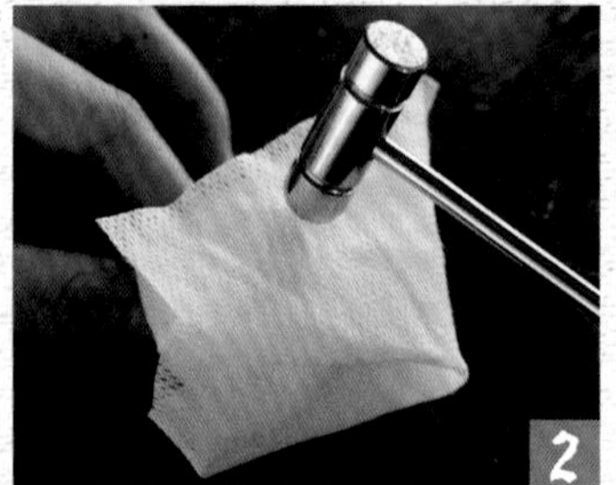

方解石會裂成許多碎片，不過每個碎片都會長得像「被壓歪的火柴盒」一樣。

使用鐵鎚時，注意不要敲到手指。另外，建議在切割墊上敲打，並在底下鋪報紙，以防止弄傷桌子。

point ▶**請用末端為圓形凸起的鐵鎚敲打**

用末端為圓形凸起的鐵鎚敲打較容易集中力道，剖開礦物時也比較乾淨俐落。注意不要用力過猛。

量量看裂開後的角度吧！

測量方解石較小的角，應可得到75度。若依解理的方向剖開，或者拿到解理片的話，可以試著量量看它們的角度。

75°

會產生重疊影像的「雙折射」

若將方解石的劈開片放在畫有線條的紙上，可以看到底下的線會變成2條。這是因為方解石有「雙折射」的性質，使光被分成2個方向。

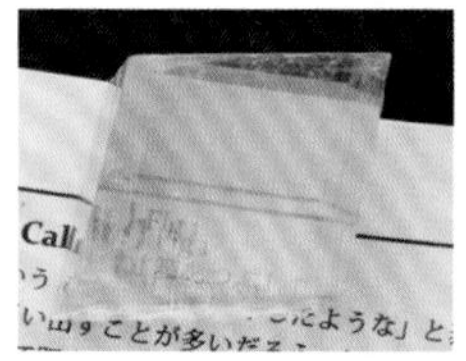

【雲母（→P.45）】
可以明顯看出層狀結構的雲母，相當容易剝離。／上：俄羅斯產，下：巴西產

準備材料

- ☐ 雲母
- ☐ 美工刀

使用美工刀時，注意不要割到手。

剝開雲母

［難易度］★☆☆☆☆

實驗步驟

1 以手指從雲母的側面將其剝離（用美工刀剝的話會更好剝開）。

2 確認看看能不能從側面以外的地方剝開。

把剝下來的雲母
放到偏光片下看看吧！

把剝得很薄的雲母夾在2片偏光片〔*〕間，透過光觀察，可以看到雲母上會出現彩虹般的光澤。再來試著改變偏光片的方向，可以看到雲母色澤千變萬化的樣子。

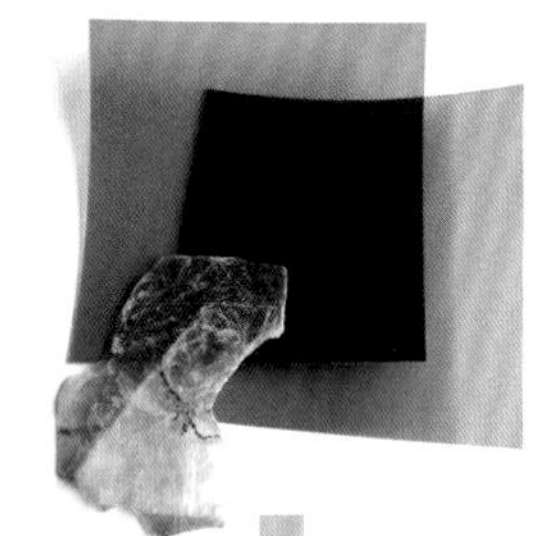

【結果】根據礦物的種類，每種都會有一定的裂解方向

〔方解石〕
可切成六面體。方向為水平、左右、前後等3種。也就是3個方向的完全解理。

〔雲母〕
可以從1個方向上切成薄片。故為1個水平方向的完全解理。

為什麼雲母可以剝得那麼薄呢？

原因就在於雲母的結晶結構。雲母內先由2層矽酸鹽四面體夾住中間1層以鋁為中心的八面體，形成三明治結構（這個部分的結合相當穩固），而這些三明治再由像是黏著劑般的鉀離子黏合起來。鉀離子產生的結合力並不強，故很容易將其剝離。1組三明治結構再加上鉀離子的厚度約為1㎚（1㎜的百萬分之一），故理論上我們也可以將雲母剝到那麼薄。

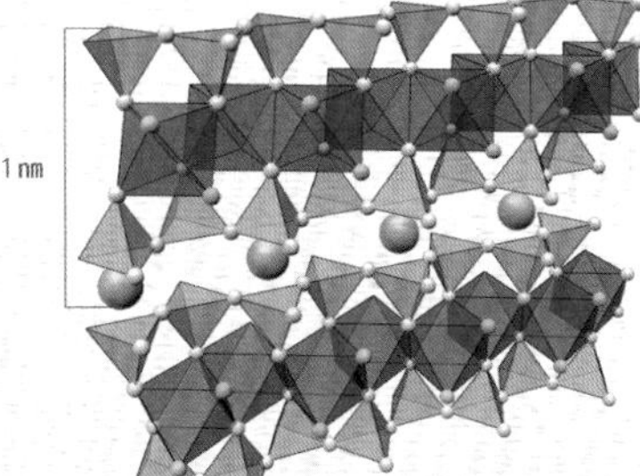

藍：鋁離子／綠：矽酸鹽／粉紅：鉀離子

試著藉由解理，將螢石做成八面體吧！

［難易度］★★★★☆

八面體的面皆為正三角形，所以只要試著從60度角處剖開晶體就做得出八面體了。另外，八面體中相對的2個面會互相平行。

【螢石（→P.36）】

許多圖鑑中會寫「螢石為完全解理」，卻不是所有螢石都可以切成八面體。有些產地的螢石並不能切成八面體。另外，透明度較高的螢石，解理也較完全。／美國伊利諾州產

準備材料

☐ **斜口鉗**

※如果螢石太大塊，沒辦法用斜口鉗直接剪斷的話，可以先用P.54敲打實驗中的方法，敲成較小塊的螢石，再用斜口鉗剪開。

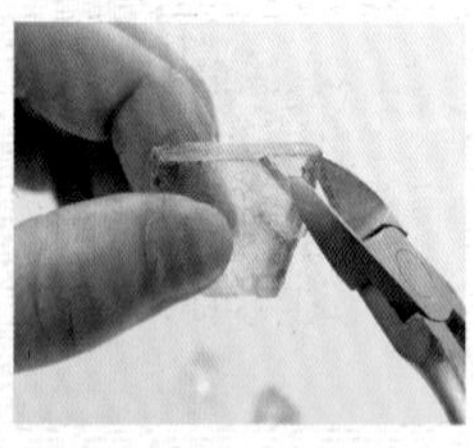

使用斜口鉗時，注意不要夾到手。

實驗步驟

※藍色的部分是將要切成八面體的部分。

1 以斜口鉗沿著紅色線剖開。

2 3 4 就每個頂點，從3個面的交點削去四面體 。

5 完成。以手指夾住相對的2個面時，可以發現它們會互相平行。

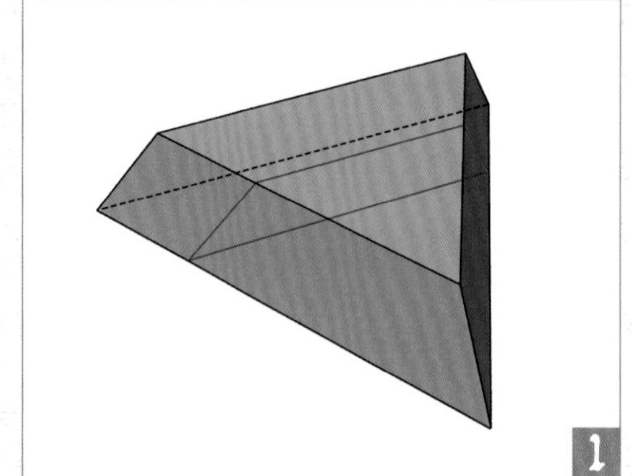

1

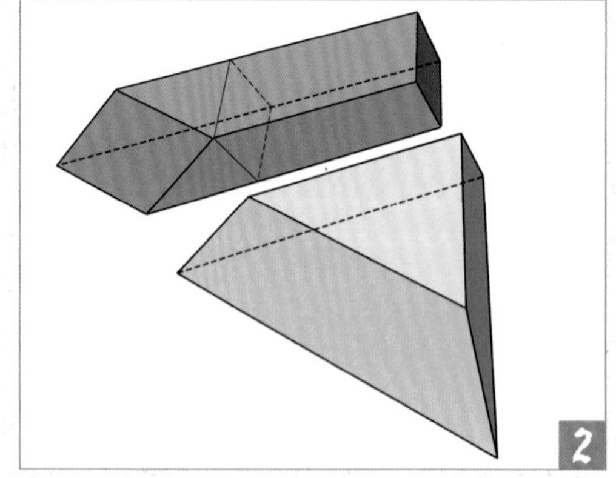

2

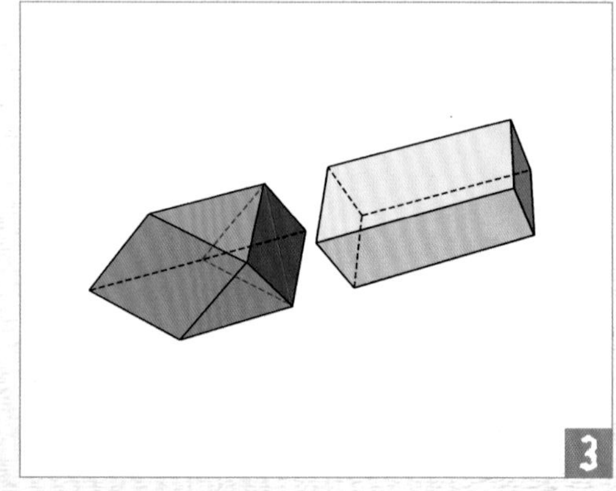

3

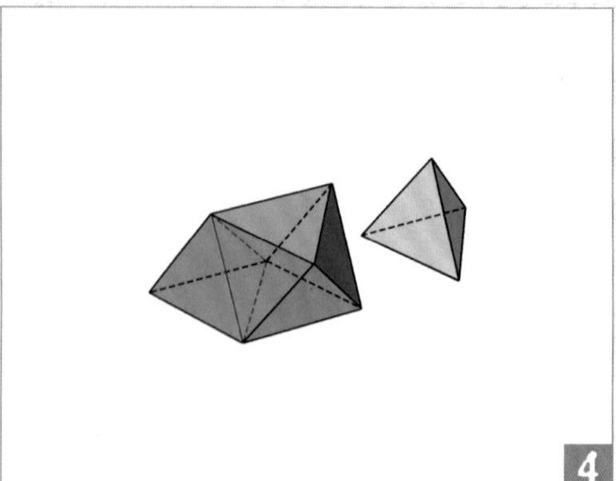

4

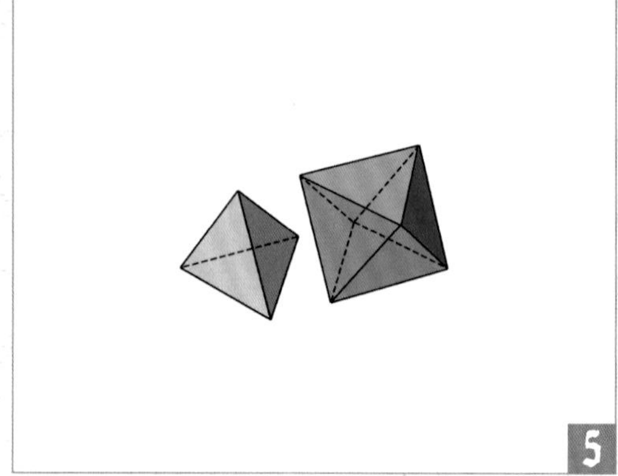

5

看看圓形礦物裡有什麼吧！

［難易度］★★☆☆☆

試著撬開圓形礦物，看看裡面有什麼吧。或許可以看到與外表完全不同的樣子喔!?

【石膏（→P.40）】
外表可看到一些褐色結晶。

【玉髓（→P.28）】
實驗所用的玉髓相當輕，用指甲敲打時，可以聽見鏗鏗的清脆聲音。

【藍銅礦（→P.35）】
使用直徑約1cm的石塊。

準備材料

- □ 圓形礦物　3種（石膏、玉髓、藍銅礦）
- □ 釘子
- □ 鐵鎚
- □ 斜口鉗

建議在切割墊上敲打，並在底下鋪報紙，以防止弄傷桌子。

實驗步驟

1 以拇指和食指握住釘子，其他手指固定住樣本。使釘子尖端對準樣本上方的中央處。

2 以鐵鎚從正上方敲打釘子，剖開礦物。

►觀察剖開後的礦物，可看到內部有放射狀結晶。外表的褐色結晶即為內部結晶的延長，所以可以知道整個礦物都為石膏。

實驗步驟

1 參考剖開石膏的實驗，以相同的步驟剖開玉髓。

◄許多玉髓會發出螢光，所以剖開後就拿到黑光燈下觀察看看。

實驗步驟

1 以斜口鉗剪開藍銅礦。

►可以看到內部連結緊密的藍色結晶。藍銅礦與孔雀石的化學分子式非常接近，所以即便外表是藍色的藍銅礦，內部也可能是綠色的孔雀石。

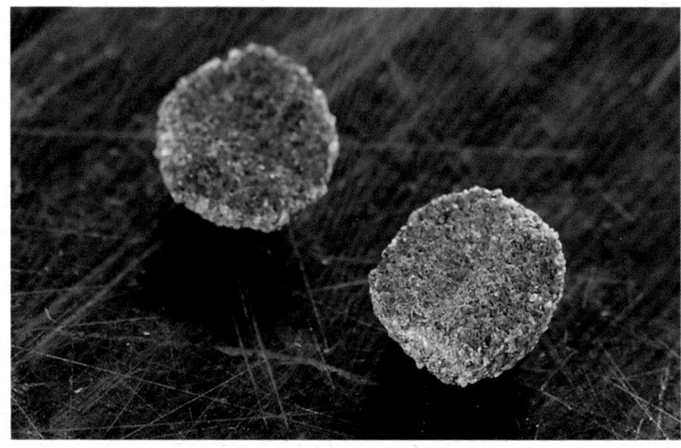

黃鐵礦內部有許多神奇的特徵！

黃鐵礦（→P.38）多為立方體或十二面體的結晶，但也有許多黃鐵礦會以球狀結晶的形式存在。球狀結晶多呈放射狀成長。有些球狀結晶的截面看起來就像銀河般美麗。

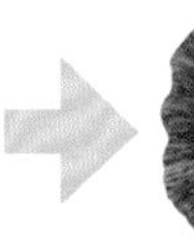

浸泡

試著把礦物或岩石浸泡到水或醋裡面吧。浸在液體裡之後，會產生什麼變化呢？

了解分子結構

若隱若現的透明實驗

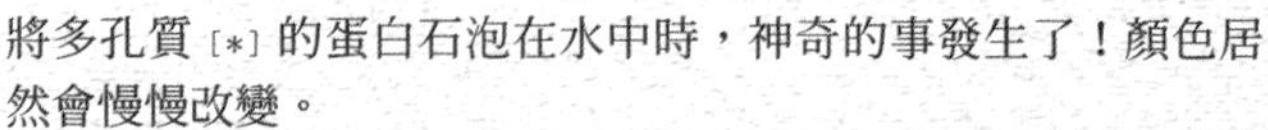
將多孔質〔*〕的蛋白石泡在水中時，神奇的事發生了！顏色居然會慢慢改變。

【蛋白石（→P.33）】
與其他產地相比，衣索比亞的蛋白石的多孔質〔*〕性質特別明顯。／衣索比亞產

準備材料

- ☐ 蛋白石
- ☐ 淺容器
- ☐ 水

※用白色容器的話會很難看出變化，請避免使用。

將蛋白石浸在水中

［難易度］★☆☆☆☆

實驗步驟

1 將蛋白石放入容器內，加水使水面蓋過整個蛋白石。

2 隨時補充水量，保持水面蓋過蛋白石的狀態。

◆當下

冒出許多小氣泡。

◆1週後

不再冒出氣泡，顯現出透明感。

【結果】白色轉淡，透明度增加

用放大鏡觀察剛浸在水中的蛋白石，可以看到它一直冒出很小的泡泡。過了1週後則不再冒出泡泡，並顯現出透明感。這是因為水將原本在蛋白石小洞內的空氣趕出來的關係。

蛋白石不太耐乾燥，若將浸過水的蛋白石再拿出來風乾，可能會產生裂痕，使暈彩效果（→P.15）消失。故實驗後請盡可能將蛋白石放在水中保存。

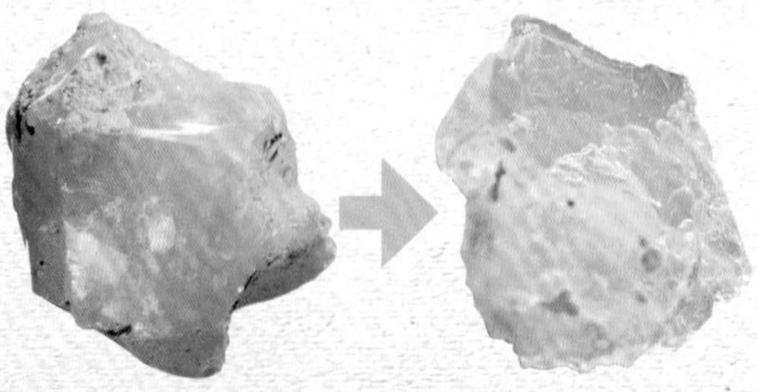

浸在有顏色的水中又會發生什麼事呢？

若在水中加入水溶性顏料，便可得到有顏色的蛋白石。將吸取了顏料的蛋白石取出，以水沖洗，可將表面的顏料洗掉，然而內部仍會殘留部分顏料。那麼，如果再把它放回水中的話，又會發生什麼事呢？試試看吧。

讓礦物開出美麗的花

嗶嗶啵啵的爆米花石實驗

試著將各種醋淋在岩石上吧，隨著醋的種類、以及淋的量的不同，結晶的量與顏色也會改變。

【爆米花石】

爆米花石在美國是用來做為科學教材的商品名稱，是於美國西部大盆地所發現的天然岩石。岩石名稱為白雲岩，以白雲石為主成分。／美國產

準備材料

- □ **爆米花石**
- □ **白醋**
- □ **淺容器**

※以家用白醋做實驗即可。

將醋淋在石頭上

［難易度］

實驗步驟

1 將爆米花石放入容器內。

2 從上方淋上白醋，大概淹過七成的石塊。之後不再追加醋，觀察石塊的變化。

◆當下　出現大量白色泡沫。

◆6小時後　表面凹凸不平的地方出現了白色結晶。

◆1週後　生成大量毛茸茸的白色結晶。

point

▶將醋淋在整塊岩石上，使七成的石塊浸在醋裡

醋都蒸發光時，實驗便結束。可以試著分成2組，一組只浸到七成的石塊，另一組則蓋過整顆爆米花石，然後比較兩者的差異。

【結果】出現白色結晶

浸在醋裡後，爆米花石所含有的方解石成分便會溶解出來，然後再結晶，形成白色的霰石結晶。若醋的量更多，便會形成更大的結晶。

用不同的醋來做實驗會有什麼差別呢？

用白醋以外的醋來做實驗時，也會產生白花般的結晶。不過如果用醋酸來做實驗的話，經過一段時間，白色結晶可能會染上些微橙色。如果用加入砂糖等的料理用醋來做實驗的話，又會得到什麼結果呢？試試看吧。

研磨

有些礦物的紋理很漂亮。但如果表面凹凸不平的話便很難觀察到漂亮的紋理。讓我們試著磨平礦物表面吧。

觀察礦物的紋理

光滑★閃亮的研磨實驗

試著研磨螢石吧。螢石的摩氏硬度為4（→P.13），故可用砂紙研磨。

【螢石（→P.36）】
有條紋狀的紋理，表面凹凸不平處呈白色。螢石的硬度不高，用刀片即可劃出刻痕。／阿根廷產

準備材料

- ☐ **螢石**
- ☐ **抹布**
- ☐ **滴管**
- ☐ **水**
- ☐ **防水砂紙（400號、800號、2500號）**
- ☐ **鹿皮巾**
- ☐ **白拋光土 #8000**

※可以用面紙來代替鹿皮巾。一開始可用較粗糙的面紙來研磨，最後再用高級面紙（給花粉症的人使用的面紙）來研磨。用面紙研磨時不要加水。

用砂紙研磨

［難易度］★☆☆☆☆

實驗步驟

1 將螢石放在抹布上，以滴管滴下少量水滴。

2 用400號砂紙研磨。大致變平後用水沖乾淨。

3 用800號砂紙研磨，再用水沖乾淨。

4 用2500號砂紙研磨，再用水沖乾淨。

◆400號

凹凸不平的部分變少了，已大致去除白色部分。

◆800號＋2500號

凹凸不平的部分消失，外表變得很光滑。

試著用皮革研磨吧

［難易度］★☆☆☆☆

若還想要變得更光滑，可以使用研磨塑膠及銀的白拋光土 #8000，並以鹿皮巾研磨。

實驗步驟

1 以鹿皮巾研磨。

【結果】表面變光滑後較好觀察其紋理

紋理與光澤變得更清楚了。砂紙的數字愈大，紙上的砂粒就愈細。砂粒愈粗，愈容易把石塊表面較大的凸起磨掉；砂粒愈細，愈能將石塊表面磨得更為光滑。不過，表面摸起來再怎麼光滑的螢石，拿到放大鏡底下看時，還是可以看到凹凸不平之處。

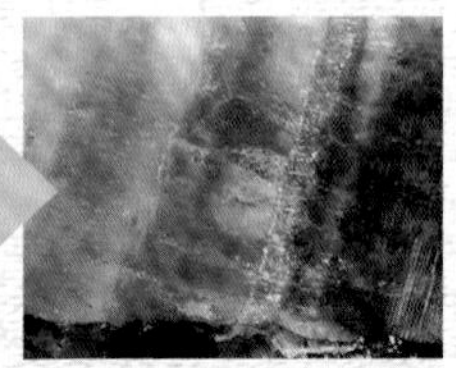

為什麼變光滑後會比較好觀察呢？

想像你在觀賞池塘裡悠遊的鯉魚。在無風、水面平靜時觀賞鯉魚，會比在水面有波紋時觀察鯉魚還要清楚對吧。觀賞螢石時也是如此，表面平坦時，內部紋理也會清楚許多。

加熱

試著燃燒礦物吧。不同種類的礦物，燃燒時的樣子、火光顏色也不一樣。不過，有些礦物在燃燒時會放出有毒氣體或者爆裂，所以要特別注意。

觀察組成礦物的「元素」是什麼顏色

多彩的焰色反應實驗

若想研究礦物內含有什麼元素，可以直接燃燒礦物本身。隨著礦物所含元素的不同，其火焰的顏色也會不一樣。這次實驗中，我們會將與礦物成分相同的藥品拿來燃燒，觀察它們會呈現什麼顏色。

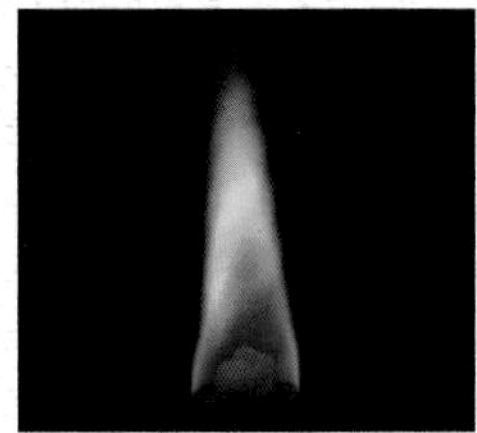

實驗會用到甲醇和棉花，所以觀察到的焰色也會包含它們燃燒時的焰色。它們原本的焰色為橙色。

準備材料

- ☐ 鈉（食鹽） 3g
- ☐ 鈣（除濕劑顆粒） 3g
- ☐ 鉀（明礬顆粒） 3g
- ☐ 硼（硼酸顆粒） 3g
- ☐ 棉花（化妝用）
- ☐ 甲醇
- ☐ 鑷子
- ☐ 沾濕的抹布
- ☐ 不鏽鋼托盤（耐熱托盤）

※若沒有不鏽鋼托盤，也可用鋁箔折成的盤子代替。不要使用工藝用棉花，要用化妝用棉花。

比較不同物質的焰色

[難易度] ★★★☆☆

實驗步驟

1 將棉花剪成直徑8mm大小的球狀，浸在甲醇內，使其吸滿甲醇。

2 將1的棉花球放在托盤上（下面墊著沾濕的抹布），再將欲燃燒的顆粒撒在棉花上，使其沾滿顆粒。

3 點火燃燒2，並關閉室內燈光。

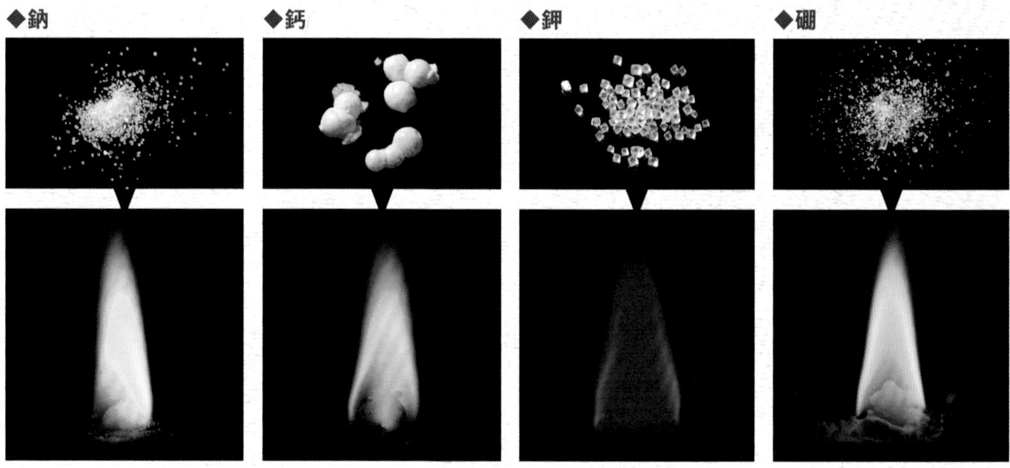

point ▶同時比較2種火焰的顏色

需一次同時準備2顆棉花球，1顆如上述步驟準備，另一顆僅浸泡甲醇後點火。這樣才能正確比較出火焰顏色的不同。

因為會用到火，故一定要有大人陪同實驗。另外，不要將硼酸等藥品放入口中或接觸到傷口。若手不小心碰到的話，一定要馬上洗乾淨。

【結果】根據礦物的元素，會產生不同的火焰顏色

- ◆鈉……………………………………黃色
- ◆鈣……………………………………橙色
- ◆鉀……………………………………紫色
- ◆硼……………………………………綠色

為什麼煙火有那麼多顏色呢？

由於不同物質在燃燒時所產生的不同焰色，使色彩繽紛的煙火得以綻放在夜空中。基本顏色有紅、黃、綠、藍、白（銀）、金等6色，再組合這些顏色製造出其他顏色。紅色為碳酸鍶、綠色為硝酸鋇、黃色為草酸鈉或碳酸鈣、藍色為硫酸銅、白色為鋁，金色則為鈦合金金屬燃燒的焰色。

觀察以發光形式釋放能量的石頭

在黑暗中閃耀的發光實驗

螢石會發出像螢火蟲般的光芒，所以被命名為螢石。螢石在加熱後也會紛紛發出螢光。在這之前，先用黑光燈確認它們會不會發光吧。

準備材料

- □ 不同產地的螢石　3種
- □ 黑光燈

實驗步驟

1 在自然光下確認其顏色。

2 關閉室內燈光，拿到黑光燈下觀察。

黑光燈會發出紫外線，所以不可以用肉眼直視。另外，紫外線對皮膚也有不良影響，盡可能不要被照到。

將不同產地的螢石拿到黑光燈下照照看

［難易度］★☆☆☆☆

英國 Rogerley礦山產

外觀為綠色，卻會發出藍色螢光。

◆自然光

◆黑光燈

中國產

淡綠色的石頭，卻會發出美麗的藍色螢光。

◆自然光　◆黑光燈

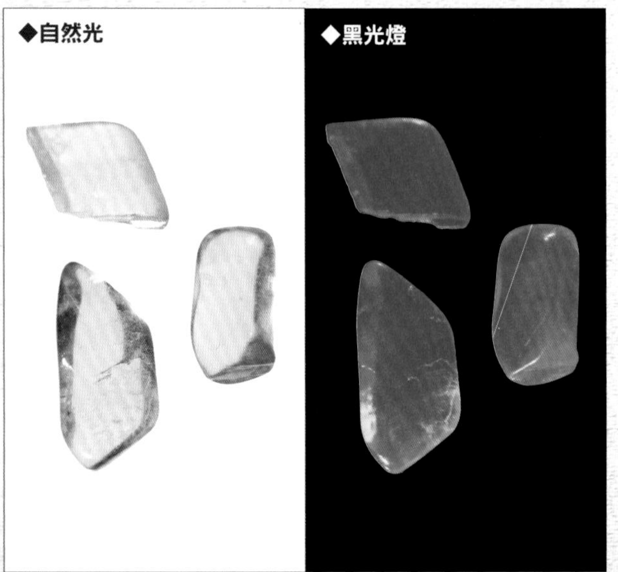

美國 伊利諾州產

沒有變化。伊利諾州產的螢石不會發出肉眼可觀察到的螢光。

◆自然光　◆黑光燈

準備材料

- □ 不同產地的螢石（左頁所使用的螢石）約5㎜大小的碎片　3種
- □ 耐熱試管　3個
- □ 瓦斯爐
- □ 沾濕的抹布
- □ 盤子（用來放置加熱後試管）

※沾濕的抹布是用來握住加熱中的試管，也可以用隔熱手套代替。

因為會用到火，故一定要有大人陪同實驗。石頭加熱時會迸裂，注意不要被灼傷！

分別加熱3種螢石

［難易度］★★★★★

1

2

實驗步驟

1 清洗1～2個小碎片，充分乾燥後，放入足夠長的耐熱試管內。

2 以沾濕的抹布包住試管口並以手握住，直接以火燒烤。將螢石所在的試管底部放在火焰頂端（火焰溫度最高的地方）火烤。

3 當螢石開始迸裂時，將火關掉，並關閉室內燈光。

※若加熱1、2分鐘後都沒有產生變化，就終止實驗。

英國 Rogerley礦山產

在迸裂前就會開始發光，迸裂之後會發出更漂亮的光芒。

中國產

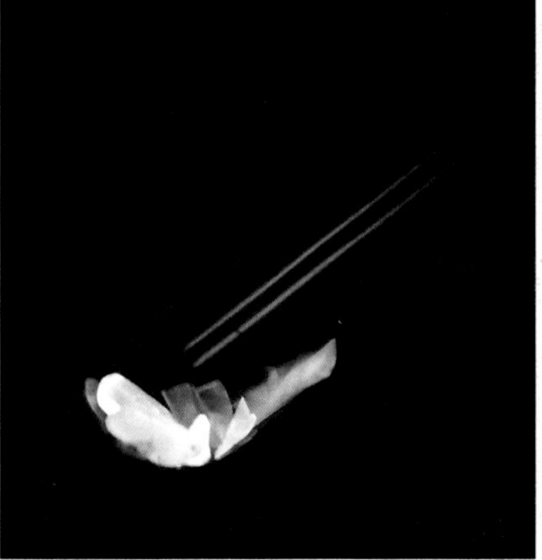

開始迸裂後，會發出淡淡的薰衣草色光芒。

美國 伊利諾州產

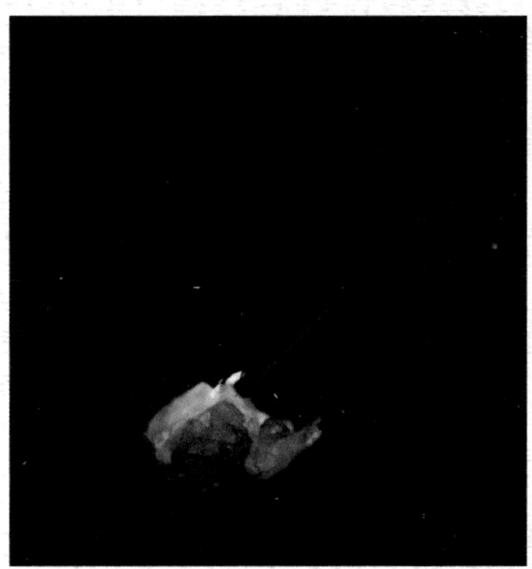

發出微弱的光芒。

point

- ▶以斜口鉗等工具將螢石碎片剪成小碎片後再加熱
- ▶加熱螢石前要確實清洗過

如果拿過大顆的螢石來做實驗，加熱會很花時間，使試管變得很熱，石塊也會劇烈地迸裂開來，相當危險。另外，近年來許多礦物樣本表面都會油油的，所以一定要確實清洗，並確實乾燥。

【結果】螢石加熱後確實會發光，但發光情形隨產地不同而有所差異

以黑光燈照射時，會發出較強螢光的螢石，加熱後也會發出較強的螢光。然而，即使是以黑光燈照射時，不會發出螢光的螢石，加熱後也會發出微弱螢光，這時關閉室內燈光會較容易觀察到螢光。

為什麼螢石加熱後會發光呢？

在黑光燈的照射下之所以會發出螢光，是因為螢石內含有少許做為雜質存在的元素；而加熱後會發出螢光，則是因為螢石內原本的原子排列不整齊，加熱時會將吸收的熱能以光的形式放出。不過，加熱後，原子排列會變得較整齊，故再次加熱時就不會發光了。

觀察狀態變化！

扭來扭去的伸長實驗

蛭石在加熱後，會像蛇煙火般不斷伸長。這個實驗可以讓我們從分子層次感受到水的存在與它的力量，親眼看到石頭的厚度從數mm延展到數cm的瞬間。

【蛭石】
風化後，富含水分的黑雲母。加熱處理後的蛭石為非常輕的多孔質［＊］，有很好的透氣性、隔熱性、保濕性，所以常被用於園藝或當作房屋牆壁的材料。

準備材料

- □ 蛭石
- □ 瓦斯爐
- □ 油炸濾網

※沒有油炸濾網的話，可以用茶篩代替。

加熱蛭石

［難易度］★★★★☆

實驗步驟

1 在油炸濾網上放置數個蛭石。

2 拿到瓦斯爐上加熱15秒左右。

1

2

因為會用到火，故一定要有大人陪同實驗。

point ▶也可以放在試管內加熱，不過直接火烤會比較快看到結果

用鑷子夾著蛭石加熱雖然也會伸長，但夾住蛭石常會妨礙延展，所以比較推薦直接隔著「金屬網」以火加熱。

【結果】厚1㎜的蛭石伸長到50㎜

原本扁平的蛭石會扭來扭去地延展。而且，厚度愈厚的蛭石碎片會伸得愈長。

為什麼蛭石加熱後會伸長呢？

蛭石原本就是「含有水的雲母」。雲母是由矽酸鹽與鋁離子形成的層狀結構堆疊而成，層與層間則有鉀離子以較弱的力量黏合（→P.55）。蛭石則是以水分子取代了鉀離子的位置，故加熱後，水分子會轉變成水蒸氣（氣體），使蛭石扭曲伸長。也就是說，水的狀態變化就是造成蛭石體積變化的原因。

照光

以光照射，可分辨出不同種類的礦物。讓我們試著用日光燈、自然光，白熾燈、黑光燈等不同光源照射，觀察礦物的顏色變化吧。

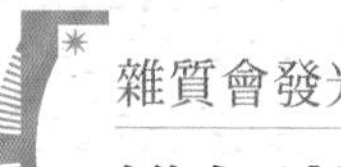

雜質會發光!?

變色實驗

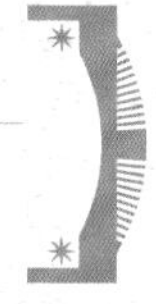

礦物會隨著光源[*]的不同呈現出不同的顏色。在這個實驗中，讓我們試著用各種光源來照射礦物吧。

【螢石（→P.36）】
呈現美麗的藍色。
／美國 新墨西哥州 賓漢產

準備材料

- □ **螢石**
- □ **LED日光燈**
- □ **白熾燈（燈泡色）**

實驗步驟

1 在自然光下確認螢石的顏色。

2 在白熾燈下確認螢石的顏色。

比較螢石在自然光和白熾燈下的顏色

[難易度] ★☆☆☆☆

◆自然光（LED日光燈）

深藍色。

◆白熾燈

紫色。

【結果】在不同燈光的照射下，會呈現出不同顏色

在自然光（日光燈）和白熾燈下看到的顏色不一樣，這又叫做「變色（color change）」。礦物中，變石的變色非常有名，故這種現象也被稱為變石效果。

為什麼在不同光源的照射下會有不同顏色呢？

之所以會呈現出不同顏色，是因為礦石內的少許雜質，會吸收黃色光，故以藍光偏強的光源（中午的陽光或日光燈）照射礦石時，反射光偏藍；而以紅光偏強的光源照射礦石時，反射光偏紅，看起來才會是不同顏色。

讓褪色的石頭復活！

變色螢光（Tenebrescence）實驗

本實驗將確認石塊在黑光燈（紫外線）的照射下的顏色變化。「Tenebrescence」源自於拉丁語的「黑暗」之意。

【紫方鈉石】
與方鈉石成分相當接近的礦物。最初發現於俄羅斯的科拉半島，為紀念芬蘭的地質學家Victor Hackman，故以他的名字命名。
／加拿大產

準備材料

- ☐ **紫方鈉石**
- ☐ **黑光燈**

實驗步驟

1. 在自然光下確認顏色。
2. 關閉室內燈光，拿到黑光燈下。
3. 拿到自然光下，再次確認顏色。

以黑光燈照射紫方鈉石

【難易度】★☆☆☆☆

◆自然光
不容易區分灰色原石與母岩。

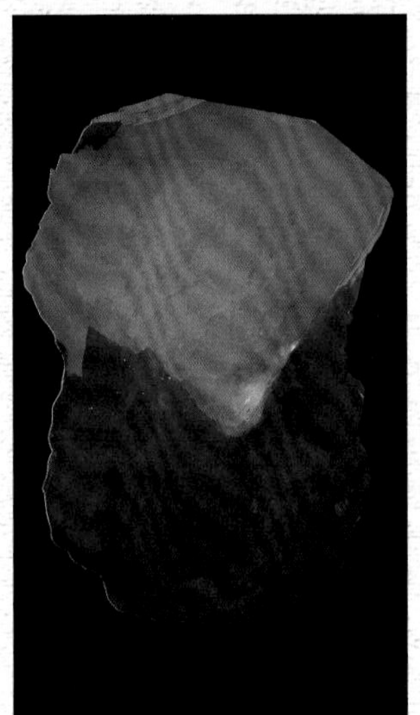

◆黑光燈
發出鮮豔的杏子色螢光。在關掉黑光燈的數秒內，仍會發出淡淡的黃光。

◆剛照完黑光燈的樣子
和自然光相比，多了一些紫丁香色，也能輕易區分與母岩的界線。

point ▶**拍下照片觀察比較**

隨著樣本的不同，照射黑光燈前後的變化也可能會不一樣。先拍下原本的樣子，再和照過黑光燈的樣本相比，較容易看出差異。

【結果】照過黑光燈後，顏色會比原本還要深

紫方鈉石在剛被開挖出來時，是很美麗的紫丁香色，不過在自然光或電燈的照射下會逐漸褪成灰色。因此送到我們手上時，早已褪成了灰色。不過，只要再用黑光燈照射，就會恢復成原來的顏色，而且不管褪色多少次都可以恢復。這種性質就叫做「變色螢光」。

為什麼已經褪色的部分會變濃呢？

紫方鈉石內含有硫，可吸收黑光燈的紫外線。另外，鈹方鈉石（→P.68）也可觀察到變色螢光現象。

黑光燈會發出紫外線，所以不可以用肉眼直視。另外，紫外線對皮膚也有不良影響，故盡可能不要被照到。

紫方鈉石也會發出「磷光」！

「磷光」是一種發光時間較長的螢光。紫方鈉石在照完黑光燈後一陣子，還是可以發出淡黃色的光芒。

黑光燈可分為「短波」和「長波」！

理論上，人類的眼睛應該看不到黑光燈發出來的光，不過多數黑光燈都會做成發出藍光的樣子。此外，黑光燈上通常會標示數字，這個數字指的是光的「波長」。被當成玩具販賣的黑光燈大都是380nm左右。若要確認礦物的螢光色，請盡可能選擇不包含可見光[*]波長，也就是375nm以下的黑光燈。一般市面上販賣的黑光燈多為「長波」，波長在365nm到380nm之間。與此相較，「短波」黑光燈的波長則約為253nm。礦物的螢光多是以短波激發，然而短波黑光燈價格高昂，又只能在全黑環境下觀察螢光，是比較麻煩的地方。

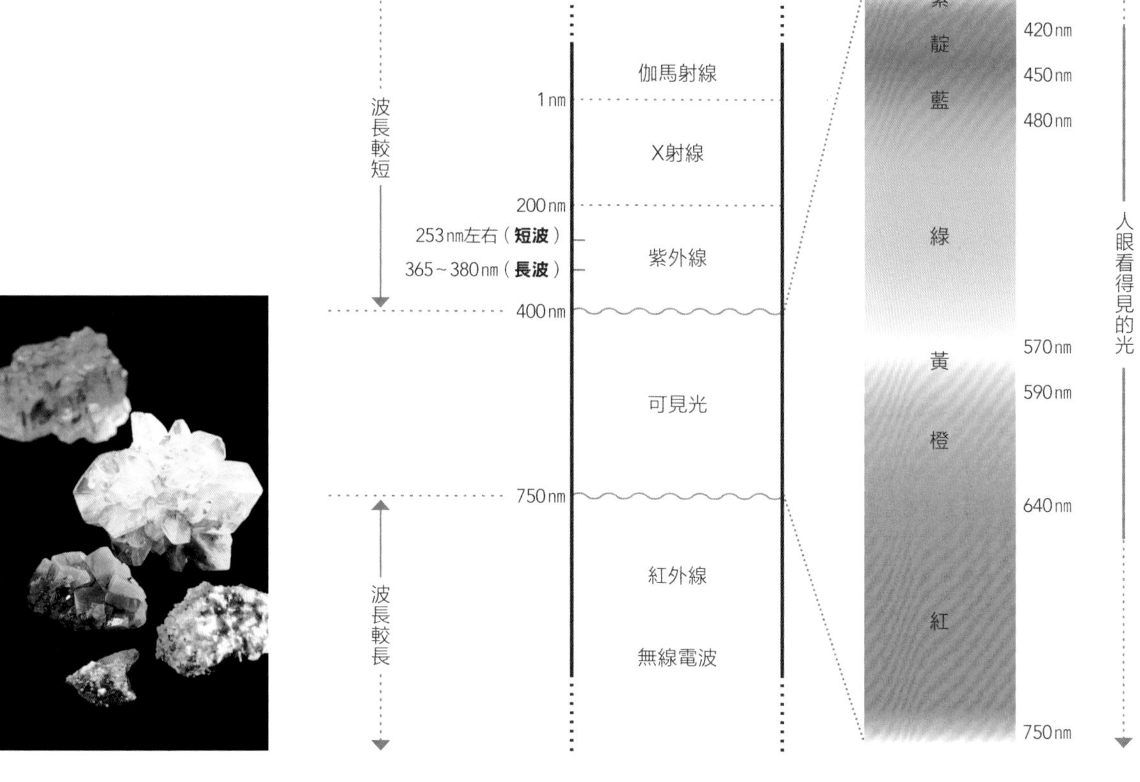

▶**有些礦物在短波和長波下的螢光顏色不同！**

右方皆為錳方解石（→P.47）。3張圖皆為同一塊樣本。／美國 紐澤西州 富蘭克林礦山產

[自然光（LED日光燈）]
淡粉紅色。

[黑光燈（長波）]
粉紅色螢光。

[黑光燈（短波）]
淡紫色螢光。

美麗的「螢光礦物」圖鑑

有很多種礦物在黑暗處以紫外線照射後會發出螢光。這裡將介紹其中一部分。

螢石

Fluorite

等軸晶系　鹵化礦物

英國Rogerley礦山產的螢石可發出很強的螢光。天氣晴朗時的太陽光中所包含的紫外線，就可讓結晶發出藍色螢光。螢光之所以稱為fluorescence，就是來自於這個產地所產之螢石的螢光。

❶CaF_2　❷4個方向　❸4　❹無色、紫、粉紅、綠等
❺白　❻3.2

深綠色結晶在黑光燈的照射下，會發出藍色螢光。
／英國 Rogerley礦山產

鈹方鈉石

Tugtupite

正方晶系　矽酸鹽礦物

原本為紅色，若持續放在黑暗處便會逐漸褪色。以紫外線照射後，會和紫方鈉石一樣產生「變色螢光」效果，恢復成原來的顏色。

❶$Na_4BeAlSi_4O_{12}Cl$　❷有　❸6　❹白、粉紅、紅等
❺白　❻2.6

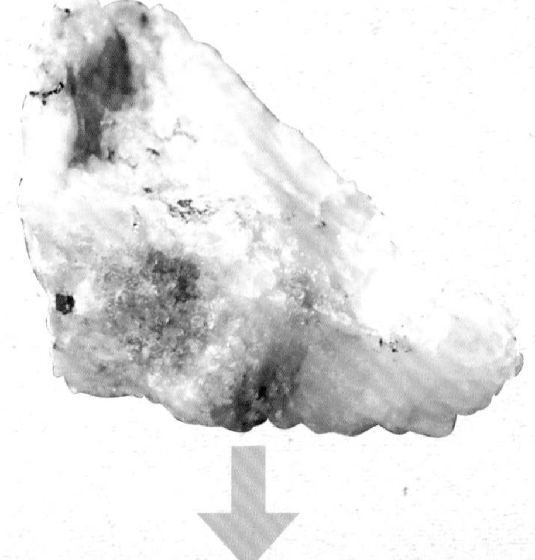

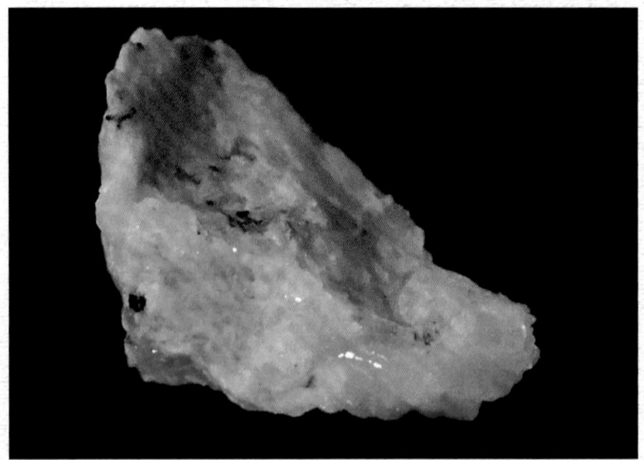

在長波紫外線的照射下，會發出鮮豔的紅色螢光。／格陵蘭產

黑光燈會發出紫外線，所以不可以用肉眼直視。另外，紫外線對皮膚也有不良影響，故盡可能不要被照到。

透石膏

Selenite

單斜晶系　硫酸鹽礦物

透明度高的蜂蜜色透石膏球。外型如聚集在一起的西洋劍般，呈放射狀散開。採集於冰河期的黏土層，所以有些樣本會夾帶一些泥土，即使如此，還是能夠發出螢光。

❶$CaSO_4 \cdot 2H_2O$ ❷1個方向 ❸2
❹無色～白、淡黃、淡褐等 ❺白 ❻2.3

黑光燈下會呈現藍白色螢光，關掉黑光燈後的數秒內仍有磷光。透明度愈高者可發出愈美麗的螢光。／加拿大產

玉滴石

Hyalite

非晶質　矽酸鹽礦物

蛋白石的一種，是附著於岩石上的結晶。日本也可採集到玉滴石，且富山縣「新湯玉滴石」的產地甚至在2003年被指定為天然紀念物。日本生產的玉滴石呈現如魚卵般的球狀。

❶$SiO_2 \cdot nH_2O$ ❷無 ❸6 ❹無色～白、黃、橙、紅等
❺白 ❻2.1

在黑光燈下發出鮮豔的綠色螢光。／墨西哥產

太陽光的紫外線也可讓玉滴石發出螢光！

玉滴石的產地包括匈牙利等地，然而大多只有在短波黑光燈下才會發出螢光。不過，2014年於墨西哥採集到的玉滴石，卻可在長波黑光燈或太陽光中所包含的紫外線下發出螢光。它們之所以會發出螢光，是因為含有鈾。

方柱石

Wernerite

正方晶系｜矽酸鹽礦物

柱石的變種。目前做為螢光礦物流通於市面的礦石，多產於加拿大魁北克省。英文名稱源自於德國的礦物學者Abraham Gottlob Werner。在完全黑暗的地方，會發出些微磷光。

❶$Na_2Ca_2Al_5Si_7O_{24}Cl$ ❷有 ❸6 ❹白、灰、黃、紫等 ❺白 ❻2.5～2.7

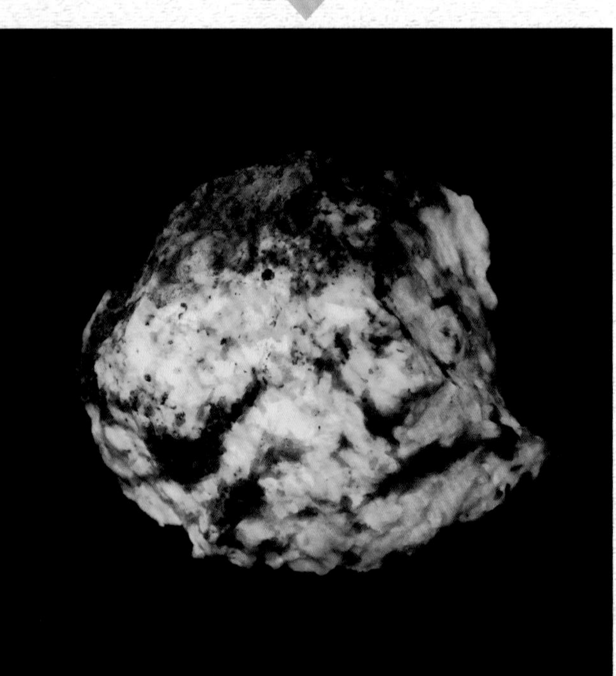

自然光下為灰色的樣本，但在黑光燈的照射下，會發出鮮豔的黃色螢光。／加拿大產

安徒生石

Andersonite

三方晶系｜碳酸鹽礦物

鈾的次生礦物〔*〕。礦物之所以會發出螢光，多是因為內部含有雜質，不過安徒生石的螢光卻是因為其化學分子式內就含有鈾。礦物若含有本身就是螢光因子的鈾，則散發出的螢光會相當鮮豔。

❶$Na_2Ca(UO_2)(CO_3)_3 \cdot 6H_2O$ ❷無 ❸2.5 ❹黃、綠 ❺白 ❻2.7～2.8

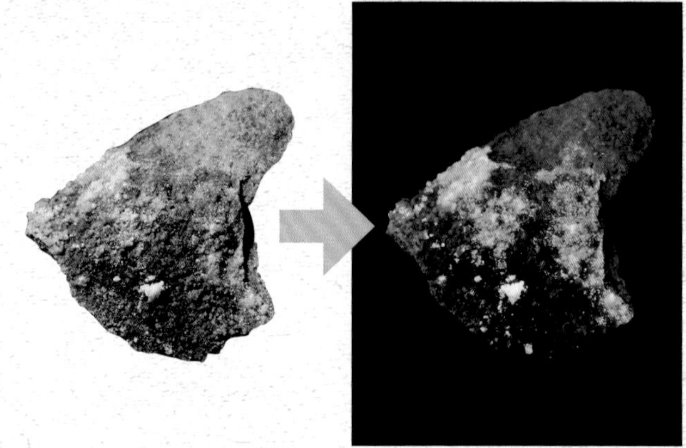

鮮豔的綠色螢光。／美國 猶他州產

方鈉石

Sodalite

等軸晶系｜矽酸鹽礦物

為藍色礦物，雖然大多不會發出螢光，但如果帶有些許的硫元素雜質，其白色部分在黑光燈的照射下，便會發出鮮豔的橙色螢光。

❶$Na_4Al_3(SiO_4)_3Cl$ ❷6個方向 ❸5.5～6 ❹無色、淡黃、藍、粉紅、紫等 ❺白 ❻2.2～2.3

不管是用長波或短波照射，都會發出橙色螢光，不過某些產地的樣本用長波照射會發出金黃色螢光，用短波則會發出紅色螢光。／格陵蘭產

岩鹽

Halite

等軸晶系　鹵化礦物

岩鹽多為透明無色，不過也有些是粉紅或藍色，顏色的成因尚未解明。而有些岩鹽會發出紅色螢光，有些會發出藍色螢光，目前也不清楚發出螢光的物質為何。岩鹽可說是種很神奇的礦物。

❶NaCl ❷3個方向 ❸2 ❹無色～白、藍、紫、粉紅等 ❺白 ❻2.2

在短波黑光燈下會發出紅色螢光。／波蘭產

錳方解石

Manganoan calcite

三方晶系　碳酸鹽礦物

部分鈣元素被錳元素取代後的方解石。之所以呈現淡淡的粉紅色，就是因為裡面的錳元素。另外，粉紅色的螢光也是錳元素所造成的。隨著產地的不同，錳元素的量也會有所差異。

❶$CaCO_3$ ❷3個方向 ❸3 ❹無色、白等 ❺白 ❻2.7

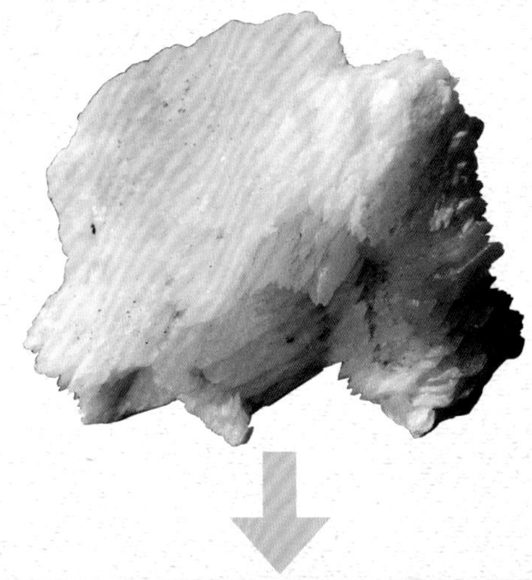

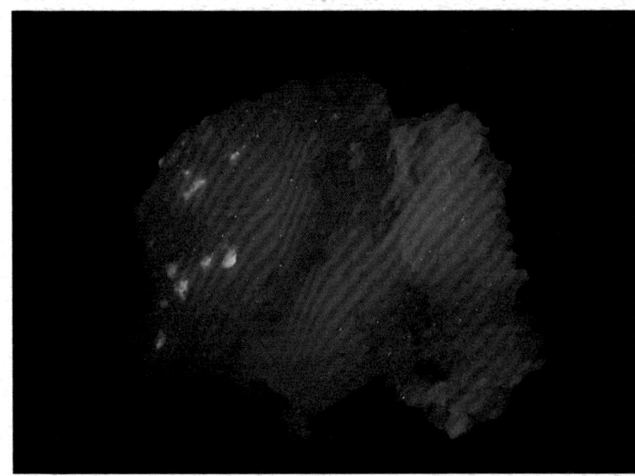

以長波或短波的黑光燈照射時，皆會發出粉紅色螢光。／美國 富蘭克林礦山產

「錳方解石」的粉紅色「濃度」

由於錳元素（Mn）的含量是被當作雜質，所以通常不會在化學分子式中寫出錳。一般是寫成（$CaCO_3$），實際上應為（Mn, $CaCO_3$）才對。礦物內的錳含量愈高，粉紅色會愈深，但如果錳含量過高，便不會發出螢光。另外，如果錳含量比鈣還要多的話，便會形成菱錳礦（$MnCO_3$）。也就是說，錳方解石和菱錳礦之間存在有固溶體[*]。

製作結晶

試著製作看看與礦物有相同化學成分的人工礦物吧。人工製造出來的東西在定義上並不屬於礦物，只能算是「結晶」（→P.8）。

彩虹般的色澤與有趣的形狀！

鉍的人工結晶實驗

將銀色的鉍熔化再使其凝固後，會變成有神奇形狀及彩虹般色澤的結晶。就算失敗也可以重複挑戰，試著改變取出結晶的時間點，或者改變熔化鉍時使用的容器，再嘗試看看吧。

【鉍】

比重為9.7。也就是水的10倍重左右。存在於自然界的天然鉍／Native bismuth（→P.42）與實驗時使用的鉍有所差異。

準備材料

- ☐ 鉍塊
- ☐ 瓦斯爐
- ☐ 不鏽鋼鍋
- ☐ 不鏽鋼容器
- ☐ 老虎鉗
- ☐ 斜口鉗
- ☐ 鑷子
- ☐ 沾濕的抹布

※為了避免灼傷，也可戴著隔熱手套操作。另外，要是沒有老虎鉗的話，也可以用一般鉗子代替。為了避免損壞桌子，可以在放置熔化後的鉍的容器底下墊著沾濕的抹布或隔熱墊。

因為會用到火，故一定要有大人陪同實驗。若水滴落入熔化的鉍內會產生噴濺，十分危險。在把鉍注入容器內，以及將容器內的鉍倒回鍋中的步驟皆相當危險，請由大人幫忙進行這些步驟，並注意不要灼傷。

熔化後重新結晶

［難易度］

1

2

3

實驗步驟

1 將鉍塊放入鍋內，以瓦斯爐加熱熔化。鉍的熔點為271.5℃，比金屬還要低，數分鐘後就會開始熔化。

2 等到鉍塊完全熔化後，將其倒入不鏽鋼製的容器內。由於溫度非常高，下面一定要墊著沾濕的抹布。

3 3、4分鐘後，以斜口鉗輕觸表面，如果已經凝固的話，以鑷子夾起、掀開表面的鉍結晶。

4 以老虎鉗夾住容器，將內部還未凝固的液體倒回鍋中。

5 完成。將黏在冷卻後容器上的鉍陸續取出，也可以倒立放置，敲擊容器將其倒出來。

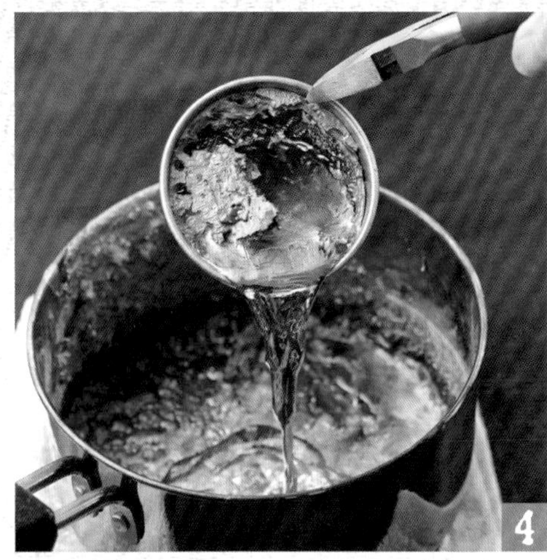

【結果】形狀特殊的結晶，彩虹般的顏色

最後形成的結晶看起來很像拉麵碗上的裝飾紋路。如果從不同的角度觀看的話，彩虹般的光澤也會跟著改變。

為什麼形狀和顏色會改變呢？

［形狀］

鉍的結晶形狀之所以那麼奇怪，是因為溫度急速下降，使結晶在邊緣處的成長速度比在表面上還要快。因此表面的部分會呈現凹陷，形成所謂的骸晶〔*〕之奇特外型。

［顏色］

鉍的結晶在接觸到空氣後，表面會氧化形成所謂的「氧化膜」。氧化膜對光有干涉效果，又稱為「薄膜干涉」，使結晶產生如彩虹般的光澤。肥皂泡沫和水窪看起來會有彩虹光澤，也是因為「薄膜干涉」。

形狀會隨著季節改變，千變萬化的結晶！

磷銨石人工結晶實驗

外觀十分美麗，在人工養晶實驗中擁有高人氣的實驗。養晶環境相當重要，試著在各種環境下進行這個實驗吧。

【磷酸二氫銨】
參考以下的溶解度對照表，確認溫度及加入量。

水100g (ml)	
[溫度(℃)]	[溶解度(g)]
0	22.7
20	37.4
40	56.7
60	82.5
80	118.3

準備材料

- ☐ 磷酸二氫銨　200g
- ☐ 明礬　數粒
- ☐ 水　400ml
- ☐ 瓦斯爐
- ☐ 耐熱玻璃杯
- ☐ 鍋子
- ☐ 攪拌棒
- ☐ 養晶用容器

※攪拌棒可用玻璃棒或筷子代替（以下實驗皆適用）。若以牛奶盒或紙杯做為養晶容器，最後可輕易取出晶體。另外，如果用燒瓶等球狀容器養晶，可使結晶自由成長，較容易長成漂亮的形狀。

溶解後等待其結晶

[難易度] ★★☆☆☆

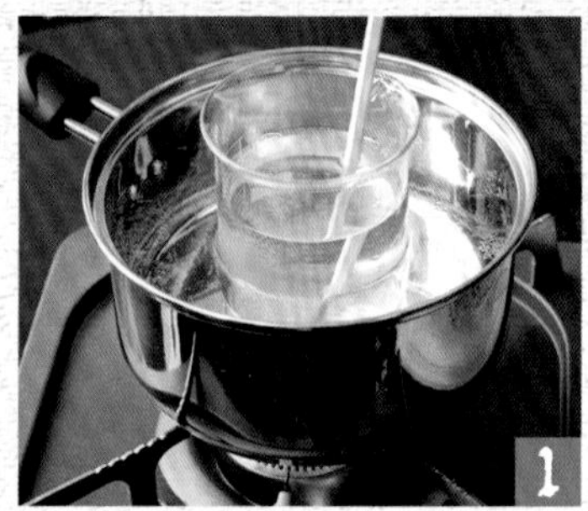
1

2

3

實驗步驟

1 將水與磷酸二氫銨放入耐熱玻璃杯內隔水加熱，並以攪拌棒充分攪拌使其溶解。

2 待完全溶解後倒入養晶容器內，加入數粒明礬。

3 數日後，開始出現細長的結晶。

4 完成。2週後，倒掉容器內液體，便可得到各種形狀的結晶。

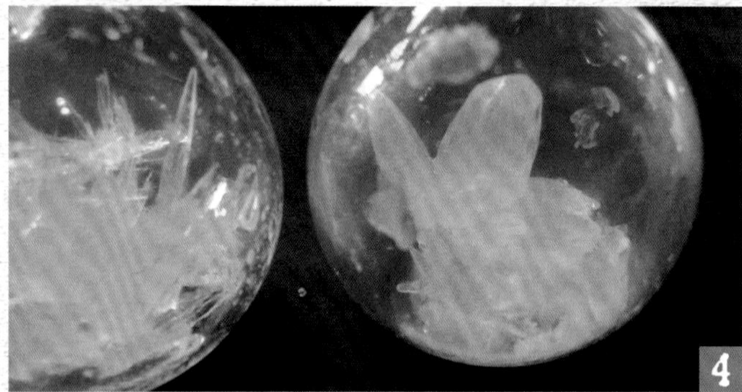
4

使用熱水時，注意不要被燙傷。

point ▶若在冬天做實驗，在溶液回復室溫前，請以毛巾之類的東西包住容器

在寒冷的冬天，為了讓溫度不要急遽下降，需緩慢冷卻。相對的，夏天時可能會因為太熱，使結晶溶解，因此溫度管理十分重要。另外，養出來的結晶相當脆弱，操作時請小心處理。

為其上色吧！

［難易度］★☆☆☆☆

若想要得到有顏色的結晶，可以在左頁實驗步驟❷加入明礬時，同時加入少許食用色素。這個實驗為加入藍色食用色素的結果。

倒掉液體前。

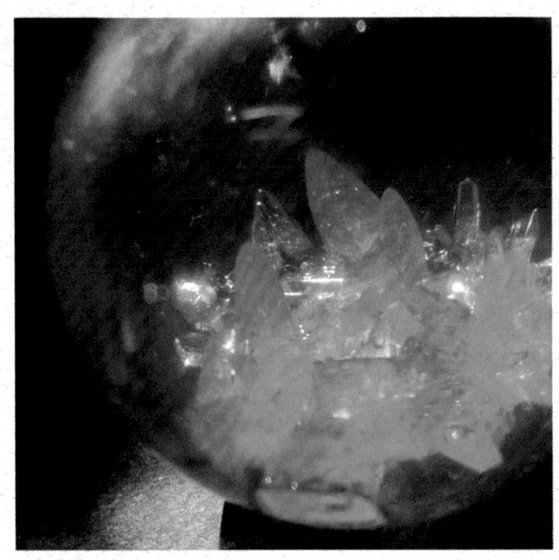

剛倒掉液體的樣子。

隨著時間經過，食用色素會逐漸褪色。

【結果】像樹冰般的結晶

若在室溫約20℃的環境下放置2週，結晶會一直成長下去。另外，若使用較小的容器時，雖然放在冷藏庫內養晶，也能得到相當漂亮的晶體，不過要注意，養晶時應避免震動。若常有震動的話，不易形成大顆結晶。

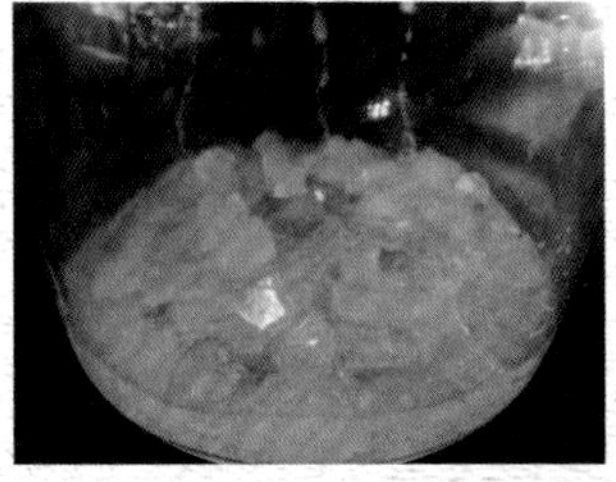

▶因頻繁震動而養晶失敗的作品。

結晶要怎樣才能養得又美又大呢？

一般來說，結晶時花的時間愈長，可以養出愈大的晶體。磷銨石的結晶可藉由①逐漸降低水溶液的溫度，使無法繼續溶解在水溶液內的物質析出的「溫度下降法」，以及②慢慢蒸發水溶液的水分，提高其濃度，使無法繼續溶解在水溶液內的物質析出的「溶劑蒸發法」等2種方法的組合形成結晶。另外，緩慢下降溫度，使水溶液成為「過冷卻」狀態，再放入種晶，這樣也很容易養出較大的結晶。有時候，在很難結晶的水溶液內放入種晶，便會由種晶開始長成較大的晶體（→P.77）。

由水溶液養出各種顏色的晶體！

明礬人工結晶實驗

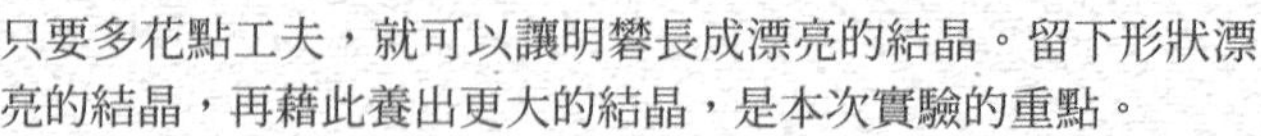

只要多花點工夫，就可以讓明礬長成漂亮的結晶。留下形狀漂亮的結晶，再藉此養出更大的結晶，是本次實驗的重點。

【明礬】
溶解前的明礬結晶是漂亮的八面體。

準備材料

- ☐ **明礬　45g**
- ☐ **自來水　100ml**
- ☐ **攪拌棒**
- ☐ **長髮（釣魚線）**
- ☐ **耐熱玻璃杯**
- ☐ **免洗筷**

※可以用燒明礬來代替明礬進行實驗。燒明礬為明礬加熱後除去結晶水［*］的產物。

溶解後等待其結晶

［難易度］ 

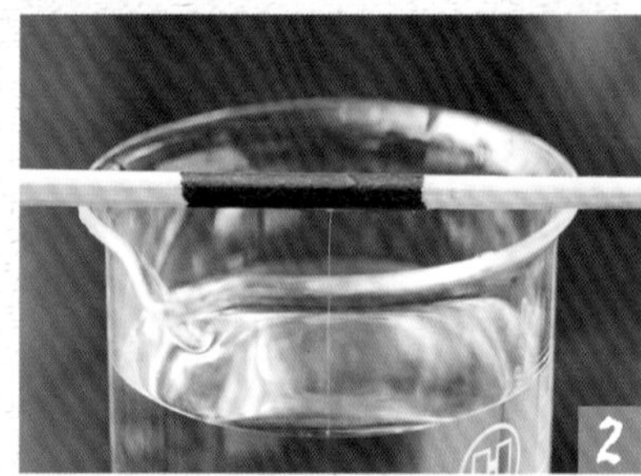

實驗步驟

1 煮沸自來水，倒入耐熱玻璃杯內，加入明礬並以攪拌棒充分混合。

2 將頭髮綁在免洗筷上，使其末端垂掛在玻璃杯內，放置一晚。隔天取出頭髮查看，若有看到結晶的話，只留下形狀較好的結晶，丟棄其他結晶。再將頭髮垂掛回去，並蓋上保鮮膜，防止其他東西掉進去，靜置2～3週。

3 完成

使用熱水時，注意不要被燙傷。

【結果】養晶時若能使結晶集中成一個，可使結晶長得更大

將頭髮垂掛在飽和水溶液中時，其上會生成小小的結晶，不過當結晶愈長愈大時，可能會脫離頭髮掉入水溶液中。因此需要每天頻繁確認水溶液的狀況。

用「種晶」來製造更大的結晶吧！

[難易度] ★★☆☆☆

重新補充結晶所需的明礬，將種晶浸在裝有水溶液的容器內約1／3高的地方，使其繼續成長，便可養出大顆的結晶。水溫與水量的控制相當不容易，但只要成功，便可得到相當美麗的結晶。

準備材料

- □ 種晶
- □ 明礬　70g
- □ 水（溶解明礬用）350ml
- □ 容量為500ml的寶特瓶
- □ 細長型容器
- □ 裝有水的盆子
- □ 水槽濾網（廚房用濾網）
- □ 橡皮筋
- □ 釣魚線

[種晶的製作方法]

①將溶有明礬的水溶液倒入培養皿內放置一晚，隔天便可看到許多「種晶」。

②在P.76的實驗後，燒杯底部會有許多奇形怪狀的「種晶」。若結晶失敗，或想挑戰養出更大的結晶，就試著使用這裡的「種晶」吧。

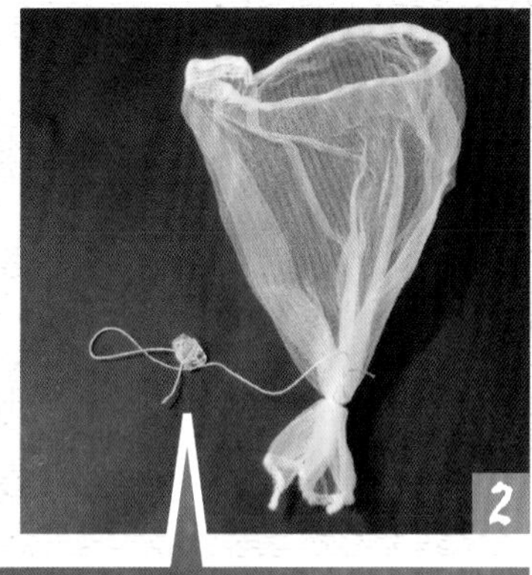

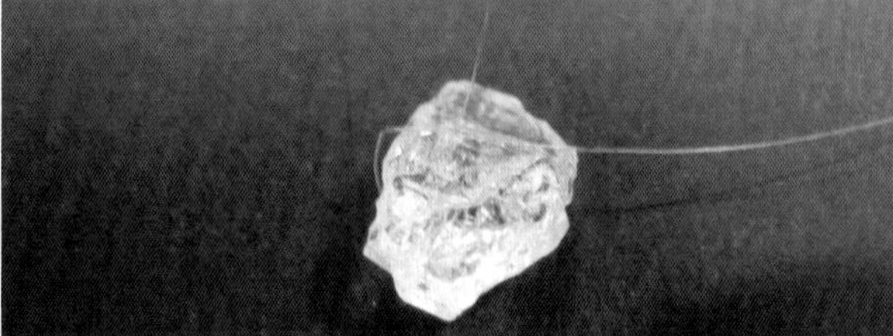

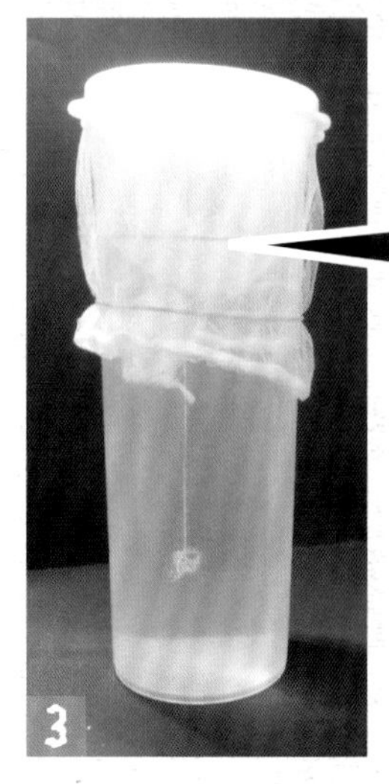

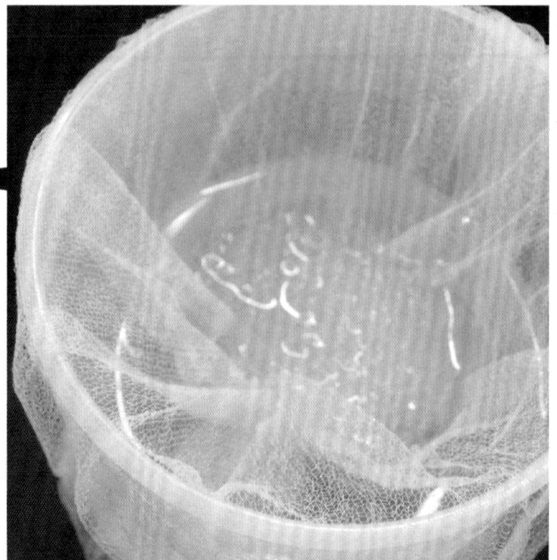

實驗步驟

1 仔細清洗寶特瓶，放入水和明礬，蓋上蓋子。放置3天左右，偶爾搖動瓶子，製成飽和水溶液[＊]。

2 用釣魚線將種晶綁起來，使其不會掉落，另一端綁在水槽濾網收束的地方。

3 將飽和水溶液倒入細長容器內，從上方放入 2 的濾網，使種晶位於從底下算起1／3高的地方，調整好後以橡皮筋固定住濾網。接著從上方加入數粒明礬放在濾網上。

4 蓋緊蓋子以防止其他東西掉進去，將容器放在裝有水的盆子內，然後置於震動少、溫度變化小的地方。每天要追加1次明礬，將數粒明礬直接放在濾網上即可，靜置1週養晶。

5 完成。最後可得到許多形狀漂亮或形狀奇特的大型結晶。紫色的結晶為鉻明礬。

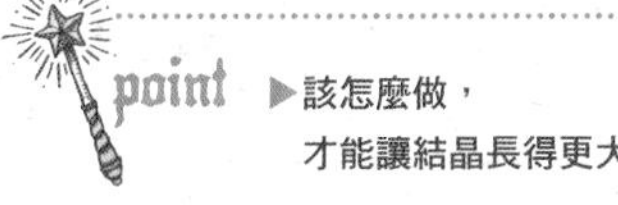

▶該怎麼做，才能讓結晶長得更大呢？

如果只是將種晶垂掛在飽和水溶液[＊]內的話，由於隨著結晶的成長，水溶液的濃度會逐漸下降，原本結晶新長的部分又會再度溶解。因此本實驗會持續將追加的明礬放入濾網內，使溶液的濃度隨時保持在飽和狀態，才能結出漂亮的晶體。這裡使用的「密度擴散法」，是藉由水溶液的濃度（密度）差異，促進種晶的成長。（參考右圖）

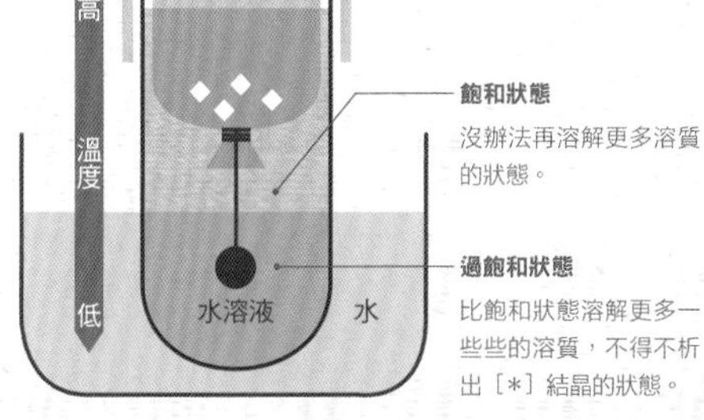

鹽的再結晶實驗

[難易度] ★☆☆☆☆

將溶解在水中的鹽析出，結成更大結晶的實驗，又叫做「鹽的再結晶」。

【鹽／氯化鈉】
參考下表，確認可溶解在水中的鹽量（溶解度）及溫度。

水 100g（ml）

[溫度（℃）]	[溶解度（g）]
0	36.6
10	35.7
20	35.9
30	36.0
40	36.4
50	36.7
60	37.0
70	37.5
80	38.0

準備材料

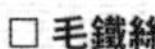

- ☐ 耐熱玻璃杯
- ☐ 鹽（盡可能用無添加物的食鹽） 80g
- ☐ 水　200ml
- ☐ 攪拌棒
- ☐ 免洗筷
- ☐ 毛鐵絲

1

2

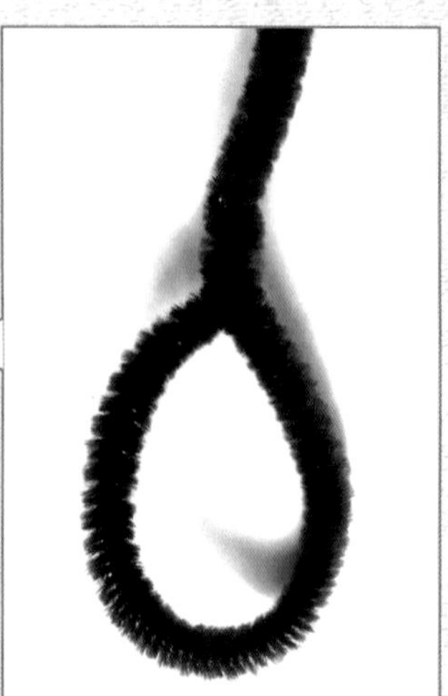

3

實驗步驟

1 將鹽與水放入玻璃杯內，以攪拌棒充分混合、溶解，然後靜置約30分鐘，再將上清液倒入其他杯子內。

2 將毛鐵絲的末端彎成圈，另一端捲在免洗筷上。彎成圈的那端浸在 1 的液體中，使鐵絲圈離玻璃杯底部約2㎝高。

3 完成。3天之後，就可看到許多鹽的結晶。

point ▶不要丟掉上清液，仔細觀察看看吧！

將混合後鹽水的上清液倒入培養皿，靜待其水分蒸發，就可得到許多小小的鹽結晶。以放大鏡或顯微鏡仔細觀察，可以看到立方體的結晶。

即使水溫上升，鹽的溶解量也幾乎沒什麼變化！

即使水溫不同，鹽的溶解量也不會有太大差異。因此要用「溶劑蒸發法」，將無法完全溶解的結晶析出[*]（→P.75）。以毛鐵絲或培養皿養出來的結晶雖然很小，不過我們可以把它當作「種晶」，像明礬或砂糖一樣，以釣魚線綁住，垂掛進飽和水溶液[*]內，養出更大的結晶。不過，食鹽在溫度與濃度的管理上比明礬和砂糖還要困難，成長速度也很慢，要養大結晶需要很長的時間。

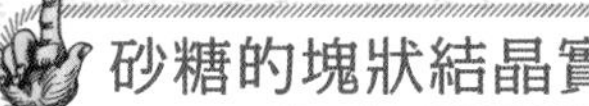

砂糖的塊狀結晶實驗

[難易度] ★★☆☆☆

冰糖就是糖的結晶。以此做為種晶，很快就可以得到很大顆的結晶。

【砂糖／蔗糖】
參考下表，確認可溶解在水中的砂糖量（溶解度）及溫度。

水 100g（ml）

[溫度（℃）]	[溶解度（g）]
0	179.2
10	190.5
20	203.9
30	219.5
40	233.1
50	260.4
60	287.3
70	320.5
80	362.1

準備材料

- ☐ 砂糖　600g
- ☐ 冰糖
- ☐ 水　200ml
- ☐ 瓦斯爐
- ☐ 鍋子
- ☐ 攪拌棒
- ☐ 免洗筷
- ☐ 釣魚線

使用熱水時，注意不要被燙傷。

1

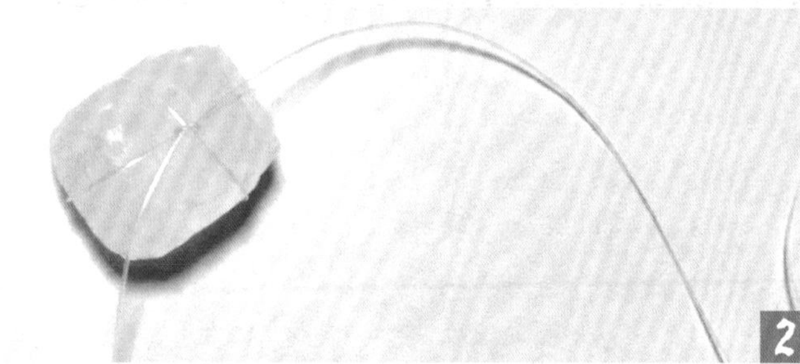

2

實驗步驟

1 將水與砂糖放入耐熱容器內，再隔水加熱使砂糖溶解。

2 以清水清洗冰糖後，以釣魚線綁住。

3 趁著 1 的溶液還很熱的時候，將 2 的釣魚線的另一端綁在免洗筷上，然後將冰糖垂掛在容器底部上方約2㎝處固定。

4 完成。成長後變得很大顆。右方為成長前的冰糖大小。

3

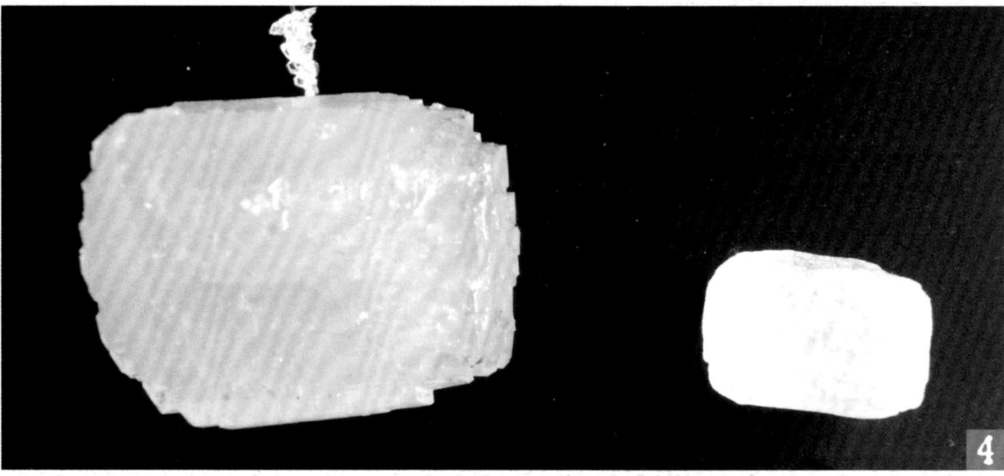

4

point ▶確實清洗冰糖以減少其表面的凹凸不平！

步驟 2 中，如果沒有確實清洗冰糖，晶析時，新的結晶會順著原結晶表面的小坑洞成長。另外，如果在溶液溫度仍偏高時放入種晶，可稍微溶解結晶表面，減少表面的凹凸不平。

▶一開始沒有確實清洗，最後便會得到凹凸不平的失敗結晶（左）。另外，如果觀察較小的結晶，可以發現它們和冰糖的形狀相同（右）。

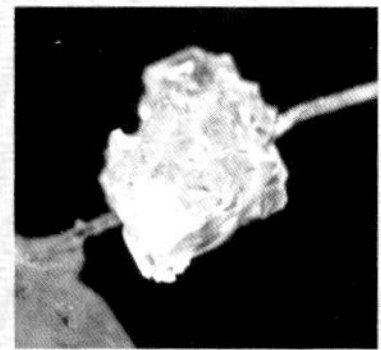

尿素的繽紛雪狀結晶實驗

［難易度］★☆☆☆☆

尿素的結晶就像雪一樣，有種輕飄飄的感覺，做實驗時也比較有趣。除了植物以外，也可以把它噴在瓦楞紙或輕木材質的物品上。長出來的結晶會是什麼樣子呢？多方嘗試看看吧。

【尿素】
如名稱所示，是尿液中富含的成分。工業上可用來做為冷卻劑，或製成防止手乾裂的護手霜。請參考下表，確認可溶解在水中的尿素量（溶解度）及溫度。

水 100g（ml）	
［溫度（℃）］	［溶解度（g）］
20	108
40	167
60	251
80	400

準備材料

- ☐ 尿素　100g
- ☐ 聚乙烯醇（PVA）　5ml
- ☐ 廚房清潔劑　3滴
- ☐ 熱水　100ml
- ☐ 耐熱玻璃杯
- ☐ 攪拌棒
- ☐ 枯枝、乾燥花或乾果等
- ☐ 噴霧器
- ☐ 托盤

※尿素可以在園藝用品店購買。

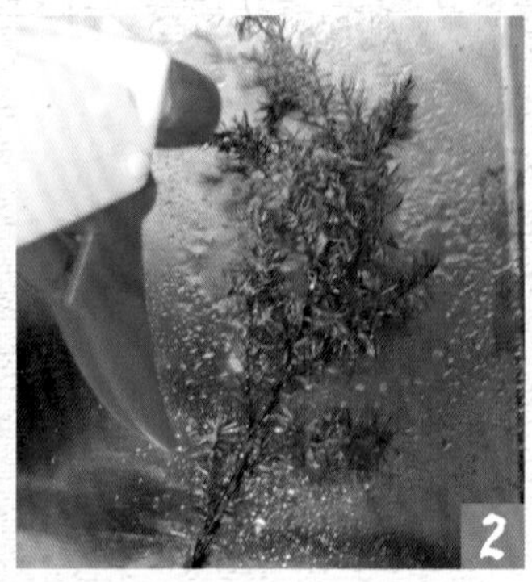

實驗步驟

1 將熱水、尿素、聚乙烯醇、廚房清潔劑等倒入耐熱玻璃杯，慢慢以攪拌棒攪拌混合（攪拌約1分鐘後摸摸看耐熱玻璃杯的表面，會發現明明才剛加入熱水，摸起來卻覺得涼涼的。這是因為尿素具有溶解時會吸收熱的性質）。

2 沾濕枯枝，並撒上少許尿素粉末，接著用噴霧器將 1 的液體噴在上面。

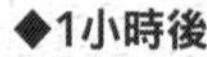

◆剛噴完

◆1小時後

◆3小時後

◆1天後

將枝條插在玻璃杯內，放在托盤上，隨著時間經過，結晶會愈長愈大。

point ▶試著把它噴在崎嶇不平的表面上吧！

噴在形狀有趣的物體上，或者在噴灑前先以水性筆塗色，該顏色就會轉移到尿素結晶上，變成有顏色的結晶。

水杉毬果
◆1天後

玩具冷杉
◆3小時後　◆1天後

清潔劑可以讓結晶長得更大顆!?

這個實驗中是藉由「溶劑蒸發法」（→P.77）析出［*］結晶，並使其成長。清潔劑中的介面活性劑可幫助結晶長得更快、更大。另外，加入聚乙烯醇可讓結晶長得細緻又美麗。若改變這些藥劑的分量，結晶的形狀及大小也會變得不一樣，試試看不同的組合吧。

使用熱水時，注意不要被燙傷。

美麗的「人工結晶」圖鑑

雖然礦物採集自大自然，但我們也可以利用同樣的成分製作出人工結晶。人工製作的礦物樣本也相當美麗且別具魅力。

硫酸銅（Ⅱ）五水合物

Copper (Ⅱ) Sulfate Pentahydrate

由化學分子式可以看出結晶內含有水分（H_2O），將其乾燥後，表面會出現白色粉末。不過，擁有相同化學分子式的天然膽礬（→P.44），乾燥再久都不會變成白色。

●化學分子式：$CuSO_4 \cdot 5H_2O$

▶硫酸銅（Ⅱ）五水合物
俄羅斯與波蘭製作的人工結晶是在母岩[*]上養出晶簇[*]。
／波蘭產

由種晶製成的硫酸銅結晶

現在一般人較少接觸到硫酸銅，不過昭和時代的自然科學課程中，常用硫酸銅來製作結晶。與明礬類似，可以由單一種晶養大，所以可養出與晶簇不同的大型「單晶」。

▲**硫酸鉀**
人工結晶時會將其製成玳瑁色結晶。／波蘭製

硫酸鉀

Potassium Sulfate

天然的硫酸鉀存在於一種名為鉀芒硝（Arcanite）的稀有礦物［*］內。其成分包含鉀與硫，因此被當做肥料販售。

●化學分子式：K_2SO_4

磷酸鉀

Potassium Phosphate (Phokenite)

顏色是另外著色的，因此會有紅色或黃色的樣本。目前尚未在自然界中發現磷酸鉀的化合物。工業製成的磷酸鉀為白色粉末，可用於食品添加物。

●化學分子式：K_3PO_4

▶**磷酸鉀**
特徵為著色相當鮮豔的人工結晶。／波蘭製

磷酸鹽

Phosphate

非常脆弱的結晶。因為易碎裂，且易溶解，取用時需特別注意。

●化學分子式：PO_4

▼**磷酸鹽**
有著淡淡的水藍色，是十分美麗的人工結晶。／波蘭製

▶▼紅鋅礦
因為內含不同的雜質，所以會呈現不同的顏色，但其成因通常難以確定。在同一個地方採集到的紅鋅礦也可能有不同顏色。／皆為波蘭製

紅鋅礦

Zincite

目前流通於市面的紅鋅礦，多生長於煉鋅工廠的煙囪內部。工廠內長出來的結晶多含有錳，故與天然的紅鋅礦（→P.39）不同，可能會出現橙色、黃色、綠色等美麗的顏色。

●化學分子式：（Zn,Mn）O

▶岩鹽
與天然生成的岩鹽（→P.35）不同，人工結晶而成的岩鹽多為這種形狀的晶簇［*］。／波蘭製

岩鹽

Halite

生長於母岩［*］上的人工結晶。

●化學分子式：NaCl

還有更多有趣的「人工結晶」喔！

明礬 **Alum**

使用母岩［*］養成的人工結晶（波蘭製）。將明礬與鉻明礬混在一起，可以製成美麗的紫色結晶。調整鉻明礬的比例，可使結晶顏色呈現出不同程度的濃淡。

$AlK(SO_4)_2 \cdot 12H_2O$、$CrK(SO_4)_2 \cdot 12H_2O$

亞鐵氰化鉀／黃血鹽 **Pruskite**

自然界中不存在與此種人工結晶之化學分子式相同的礦物。顏色來自鐵，可能為黃色或紅色。亞鐵氰化鉀可做為膠捲底片的顯影劑。

$K_4[Fe(CN)_6] \, 3H_2O$

人工結晶的故事

自古以來，「想製作昂貴又稀少的寶石」是許多人的夢想，實際上也有許多人真的投入這個挑戰，而人們最早製作出來的就是藍寶石與紅寶石。直到現代已經發明了許多的製造方法，其中最有名的方法是「伐諾伊焰熔法（Verneuil process）」，也稱為「火焰合成法」。自裝置上方投下原料，通過燃燒的氫氧混合氣體。高溫火焰可將原料融化，使原料落在下方的種晶上，在數十小時內逐漸累積成長結晶。（1 2 3 4）

另外，水晶為天然的石英，可以將其放入大型裝置長晶爐（autoclave）內熔化再結晶，以得到純度較高的晶體。製成的結晶可做為石英震盪器的材料，用於電腦或鐘錶內。（5）

同樣的，天然螢石也可在真空高溫下熔化再結晶，獲得純度較高的結晶。將圓柱狀結晶切片研磨後，可製成望遠鏡或相機用的透鏡等。（6）

1伐諾伊焰熔法製作出來的藍寶石。／2將1切成小塊。／3將2研磨切割後完成。／4因星光效果（→P.15）而很受歡迎的人工寶石，如星藍寶石或星紅寶石等，皆會用到人工rutile［*］。／5人工製作的水晶。／6外國製作的螢石人工結晶。在黑光燈的照射下會發出螢光。

Chapter 4 製作礦物小玩具

礦物樣本可不是只能當作收藏而已喔!!
能演奏出美麗音色的讚岐岩、敲擊後可以延展拉長的錫、
能用來接收電波的紅鋅礦或黃鐵礦……。
甚至還可以做成漂亮的裝飾品，
一起來製作有趣的礦物小玩具吧。

製作小玩具時，注意不要受傷。

演奏出美麗的聲音吧！

讚岐岩石琴

讚岐岩是一種岩石的名稱。敲擊時會發出金屬般的清脆聲音，因此也叫做「鏗鏗石」。其神祕的音色不只可做成石琴，還可做成風鈴，是很受歡迎的石頭。

【讚岐岩】

岩石名稱為古銅輝石安山岩。古銅輝石以斑晶［*］形式存在於岩石內，此外還有少量斜長石埋在眾多玻璃質細粒中。名稱來自其產地——四國的讚岐地區，由德國的地質學家Weinschenk於1891年時命名。

準備材料

- □ 木板（底板1片、側板2片）
- □ 釣魚線（8號左右）
- □ 木螺絲　4根
- □ 螺絲起子
- □ 錐子
- □ 鋸齒美工刀
- □ 敲擊石頭用的琴槌

※琴槌可使用均一價商店玩具區賣的木琴槌、打鼓時的鼓棒或湯匙等，多試試不同的材料吧。

另外，請依讚岐石的個數決定合適的琴台尺寸。

6 完成

使用鋸齒美工刀時一定要小心。

聽聽看吧！

確認看看讚岐岩石琴會發出怎樣的聲音吧。它的音色相當神祕喔！

▶**由專業工匠手工製作的石琴能奏出1個八度音階！**

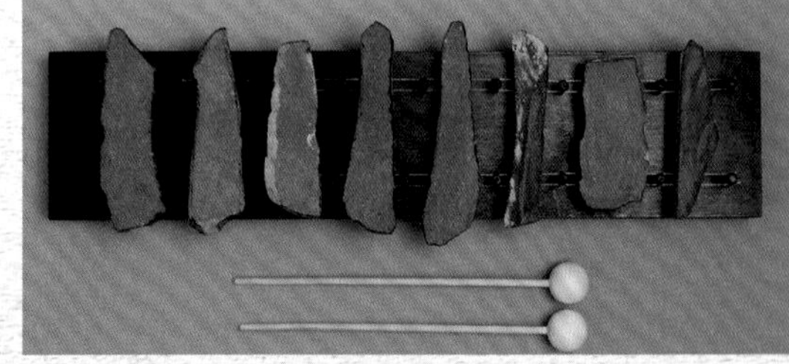

製作讚岐岩石琴是很費工夫的事。直到現在，香川縣還有工匠在製作石琴。專業工匠們會將石塊一個個仔細切割、研磨、調音，製作成可奏出1個八度音階的「石樂器讚岐岩」（協力：東京Science）。

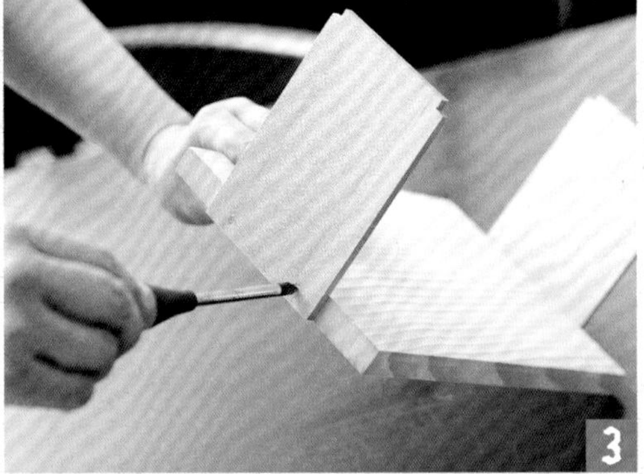

製作方法

1 用鋸齒美工刀削去側板的1個短邊上的2個角，2片側板都要，之後要用來架線。

2 為了固定住側板與底板，先確認鎖螺絲的地方，再以錐子分別在底板和側板的對應位置打洞。

3 以木螺絲將側板固定在底板上。

4 將釣魚線架在側板上於步驟 1 中切掉的部分（可以先算好2片側板的間隔，將釣魚線做成環狀再套上去）。

5 將線拉緊，再把各種大小、厚度的讚岐石放上去。

6 完成。由於讚岐岩成分幾乎是由玻璃質（或者是非常細小的結晶）組成，因此敲擊時會發出金屬般的聲音。

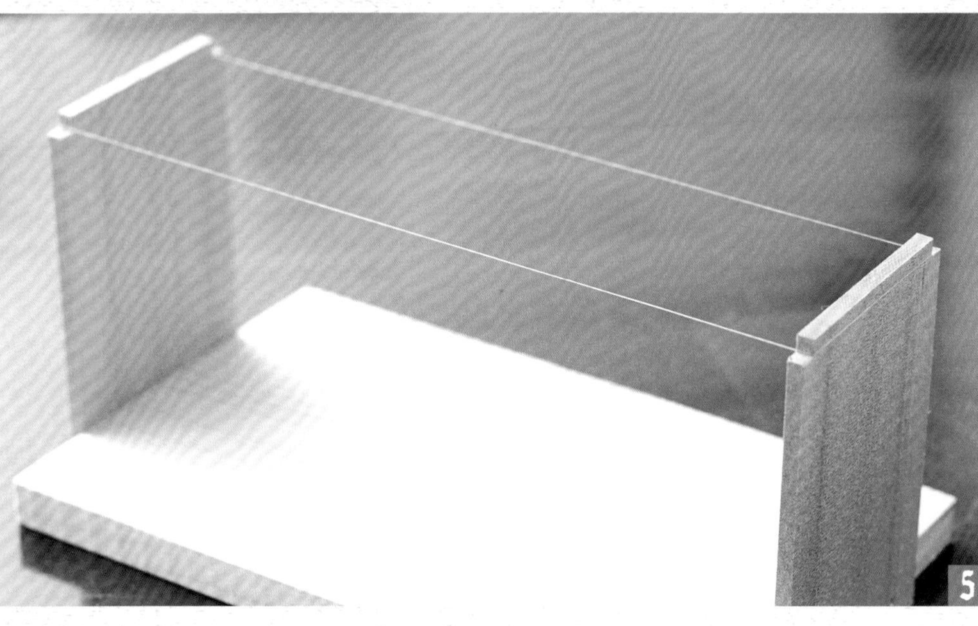

將讚岐岩的兩端以細繩繫住垂掛，便成了有美麗音色的樂器。

會叫的砂!?

在某些地方的砂上行走時會發出咻咻聲響，這種砂又被稱為「鳴砂」。目前我們還沒徹底明白砂子為何會發出這種聲音，不過一般認為，如果滿足「主成分為石英顆粒」、「沒有被汙染」、「顆粒有一定大小」等條件，當砂粒間產生摩擦時就會發出這種聲音。將砂粒放在杯子內，並以攪拌棒攪動時，一般的砂子不會發出聲音，鳴砂卻會發出聲音。日本國內就有許多有鳴砂的海岸，如宮城縣的十八鳴濱、石川縣的琴之濱、京都府的琴引濱、島根縣的琴之濱等。國外則不僅限於海岸，有些位於內陸的沙漠或沙丘的砂子也會發出聲音。

可發出療癒人心的雨聲，誕生於非洲的樂器！

雨聲器

有人認為「雨聲器」來自非洲，而在南美的祈雨儀式中也會用到這種樂器。曬乾仙人掌，並把刺釘入內部，再倒入種子後封口。倒置時，種子就會紛紛撞擊刺，發出像雨聲般的沙沙聲。

準備材料

- □ 錐子
- □ 捲尺
- □ 紙膠帶
- □ 紙管
- □ 牙籤
- □ 玻璃紙
- □ 橡皮筋
- □ 礦物碎片

※以紙管代替仙人掌、牙籤代替仙人掌刺、放入礦物碎片代替種子，製作出雨聲器。並以玻璃紙封住紙管的上下端，也可以用一般紙張代替。

製作方法

1 將捲尺由上而下纏繞在紙管上，並以紙膠帶固定。

2 為了使錐子鑽出來的洞都一樣大，可以在距離錐尖2cm的地方以紙膠帶纏繞數圈。

3 沿著捲尺，每間隔5mm以錐子鑽一個洞。

4 將牙籤插入鑽好的洞。

5 插完牙籤後，從上方俯瞰紙管，確認牙籤是否呈現螺旋階梯狀。

6 用玻璃紙蓋住紙管的一端，並以橡皮筋固定。

7 從紙管另一端放入礦物碎片。

8 另一端也用玻璃紙蓋住，並以橡皮筋固定。

9 完成。慢慢將其倒置，便可聽到雨聲般的聲音。紙管愈長，聲音持續的時間就愈長。礦物種類不同，聲音也會有不同變化。試著在雨聲器內放入不同的礦物玩玩看吧。

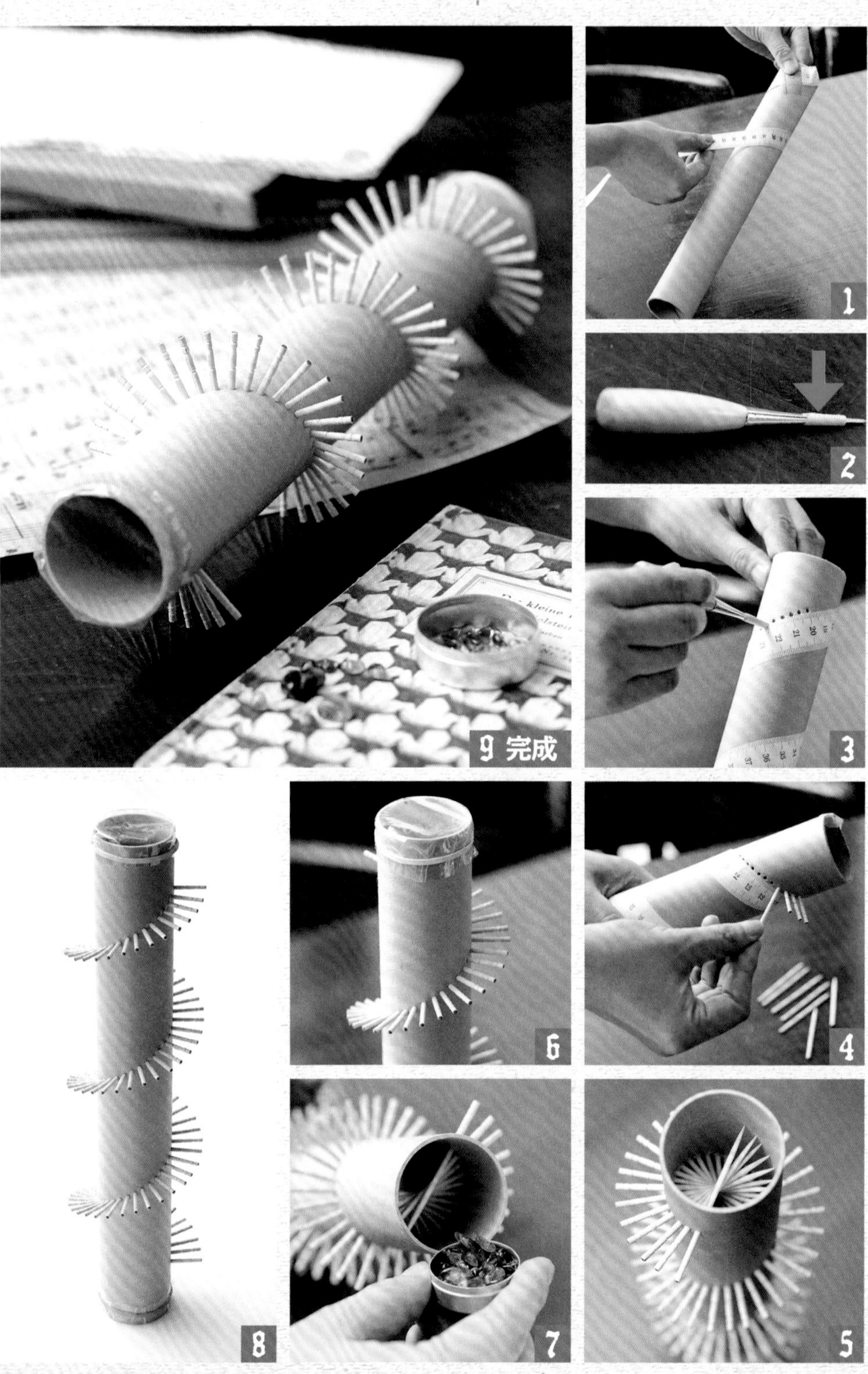

與植物非常搭！打造新世界

微型礦物花園

試著在玻璃瓶或燒杯等玻璃製的透明容器內，放入礦物與植物，打造屬於自己的小小世界吧。

準備材料

- □ 容器
- □ 砂
- □ 湯匙
- □ 鑷子
- □ 植物、珊瑚
- □ 礦物

4 完成

1

2

3

製作方法

1 用湯匙將砂舀入容器內。

2 放入植物。

3 一邊注意整體平衡，一邊加入新的砂，再用鑷子夾取礦物放入。

4 完成。還可再放入珊瑚裝飾。均一價商店內就有販賣仙人掌或其他多肉植物，旁邊通常也會擺著漂亮的砂，費點心思打造自己的世界吧。

試著改變容器與內容物吧！

也可以將容器換成雪花球。放入蘚苔之類的植物，做成迷你盆栽風格的微型花園。

將礦物樣本拼湊成藝術品！

幻想礦石小物

礦物樣本通常是以多種礦物共存於母岩〔*〕上的形式存在。讓我們以這個概念為基礎，將礦物與礦物以外的物件黏合在一起，製作出幻想中的礦物樣本吧。

準備材料

- □ 環氧樹脂（Epoxy）類黏著劑
- □ 厚紙板（調製黏著劑用）
- □ 牙籤（調製黏著劑用）
- □ 鑷子
- □ 欲黏著的礦物、零件或釉玻璃等

※若用三秒膠來黏合礦物或玻璃，原本透明的部分會變成白色。因此黏合礦物或其他小物件的時候，請使用環氧樹脂類的黏著劑。

1

2

3

操作時請保持通風。

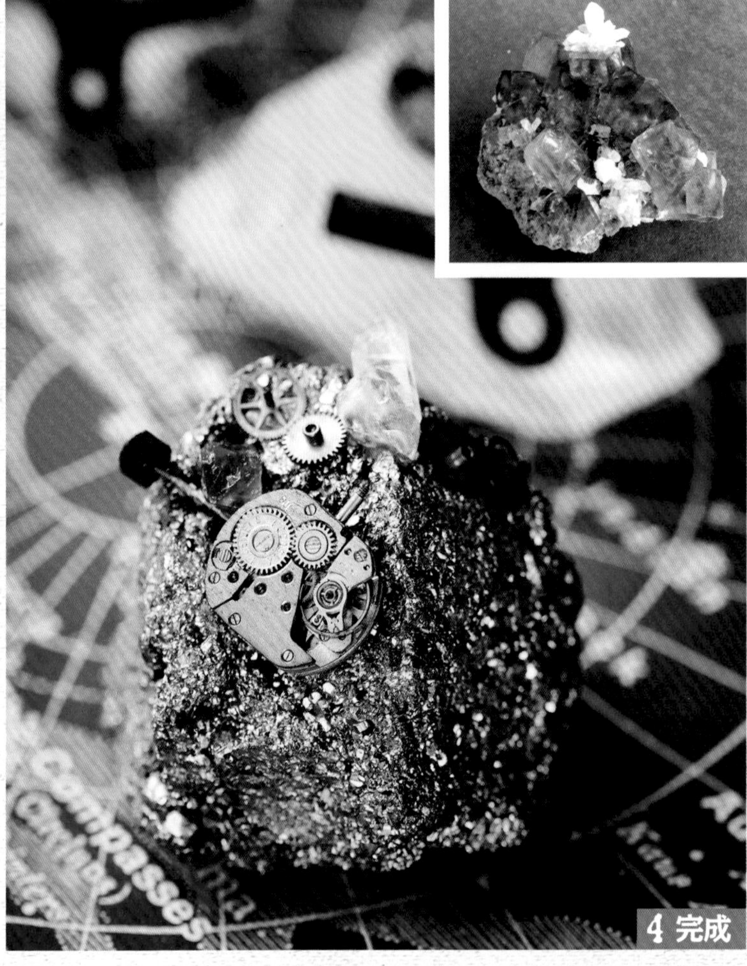

4 完成

製作方法

1 將環氧樹脂類的黏著劑擠在厚紙板上，以牙籤充分混合。

2 以 1 的黏著劑將礦物與各種小物件黏在做為基座的礦物上。

3 黏上會發出螢光的釉玻璃，拿到黑光燈底下照照看。

4 完成。這是以同時包含了螢石與水晶之礦物為靈感所製作出來的幻想礦石。你也可以試著把用不到的鐘錶零件，或其他身邊的小東西黏上去。

任你自由排列組合！試著黏上各種東西吧！

1

2

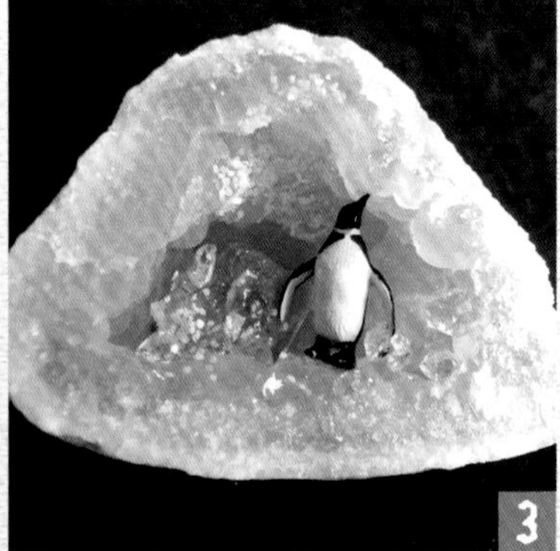

3

4

製作方法

1 將摩洛哥產的晶洞切成一半。

2 將中國湖南省產的螢石黏在裡面。

3 仿造冰洞的感覺，將雙尖水晶、螢光砂等礦物黏在內側，再黏上動物模型。

4 完成。以黑光燈照射時會發出螢光。

雪與礦物都閃閃發亮的幻想世界！

雪花球

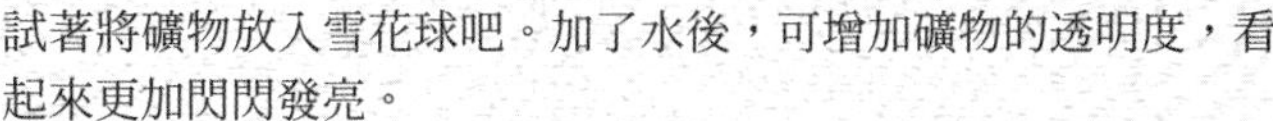

試著將礦物放入雪花球吧。加了水後，可增加礦物的透明度，看起來更加閃閃發亮。

準備材料

- □ 鑷子
- □ 滴管
- □ 毛巾
- □ 環氧樹脂類黏著劑
- □ 牙籤（調製黏著劑用）
- □ 厚紙板（調製黏著劑用）
- □ 雪花球
- □ 壓克力板
- □ 動物模型
- □ 礦物

※壓克力板可改用非金屬的瓶蓋，只要大小與雪花球的橡膠栓相仿即可。

1

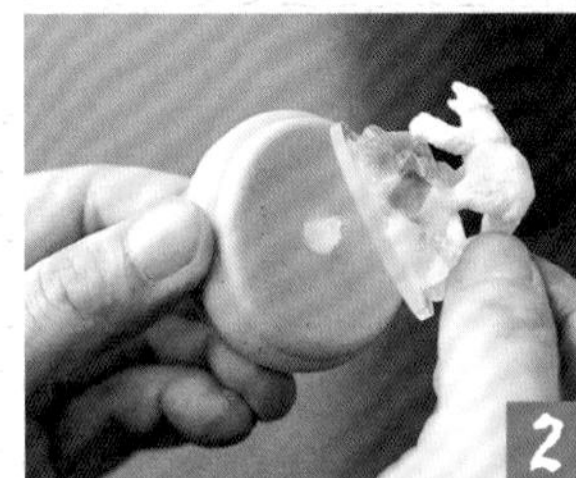

2

3

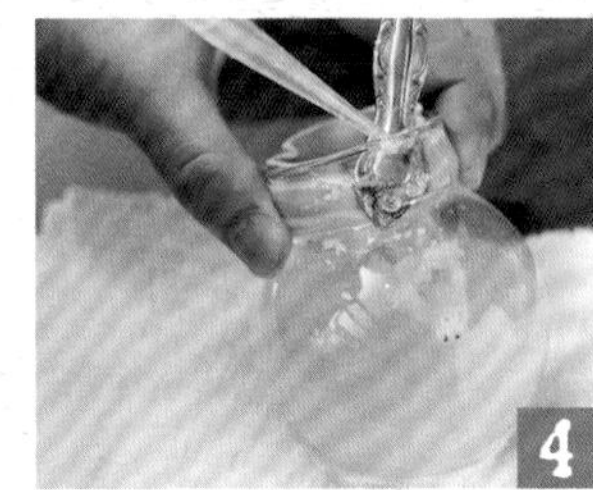

4

岩鹽等水溶性礦物或黃鐵礦等容易生鏽的礦物不可放入雪花球。操作時請保持通風。

5 完成

製作方法

1 擠出環氧樹脂類的黏著劑，以牙籤充分混合。利用鑷子將礦物、動物模型等黏在壓克力板上。

2 將壓克力板與橡膠栓底部黏在一起（建議只在中央處塗上黏著劑，這樣等一下會比較容易將橡膠栓塞入封口）。

3 將自來水注入雪花球本體，並以橡膠栓封住。

4 要是裡面還有空氣的話，就在下面墊著毛巾，然後用湯匙柄扳開橡膠栓的封口，再用滴管從扳開的縫隙中將水注入。

5 完成。日本雖然常把它稱為Snow dome，不過現在這種成組販賣之球形展示瓶的英文一般稱為Snow globe。

製作出世界上獨一無二的手工藝品吧！

礦物飾品

在金屬零件或鐘錶外殼等手工藝用品中，試著將保險絲或齒輪等與礦物一同放入，做成可愛的飾品吧！

準備材料

- □ 環氧樹脂類黏著劑
- □ 牙籤（調製黏著劑用）
- □ 厚紙板（調製黏著劑用）
- □ 鑷子
- □ 指甲油　喜歡的顏色
- □ 做為基座的零件
- □ 礦物或其他欲用來裝飾的小物

※挑選做為基座的零件時，可使用壞掉的鐘錶、手工藝品店販賣的髮飾等，試著多費點心思準備吧。

操作時請保持通風。

1

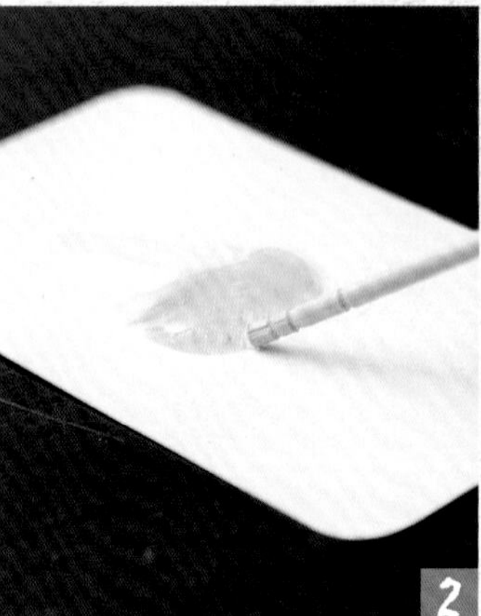

2

3

4 完成

僅僅是改變做為基座的零件，就能製作出完全不同風格的作品。

製作方法

1 在做為基座的零件上塗指甲油做為背景（先塗上無光澤的白色，乾燥後再重疊塗上其他的顏色，這樣顏色會比較漂亮）。

2 擠出環氧樹脂類的黏著劑，以牙籤充分混合。

3 以黏著劑將小小的金屬零件、缺角的礦物樣本碎片黏在**1**的基座上。

4 完成。可以以鍊子穿過做成項鍊，也可以在背後黏上別針做成徽章。

用同樣的方法試著製作各式各樣的飾品吧！

手錶 Watches

取出壞掉手錶的零件後，將錶殼當做基座，用礦物樣本進行裝飾。

1

2

完成

製作方法

1 拿掉手錶錶面及零件。

2 以黏著劑將礦物與其他小東西裝飾在錶內。

墜飾 Pendant

將看起來很清涼、具有透明感的礦物或海星放在墜飾內。也可以做成2只耳環。

製作方法

1 將石頭或貝類以黏著劑黏在墜飾等基座上。

1

完成

保羅領帶 Bolo tie

以印刷英文的紙張為背景，看起來很有懷舊的感覺。若放入不同的小道具，也能呈現出不一樣的風格。

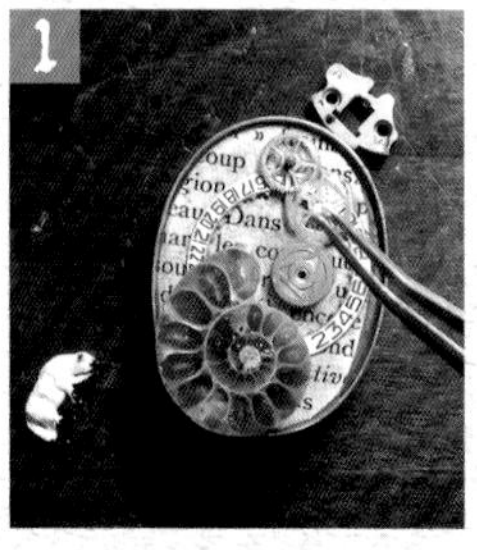
1

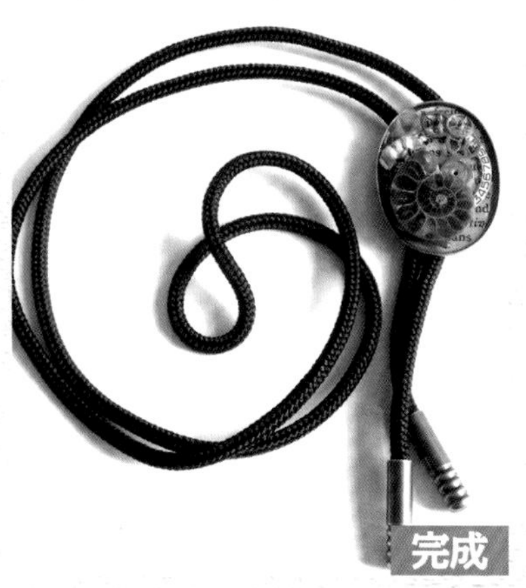
完成

製作方法

1 於底部貼上報紙，再將化石或鐘錶零件黏上去。

髮飾 Hair accessory

手工藝品店除了賣髮飾的基座之外，還有販售各式各樣的小物，試著找找看吧。

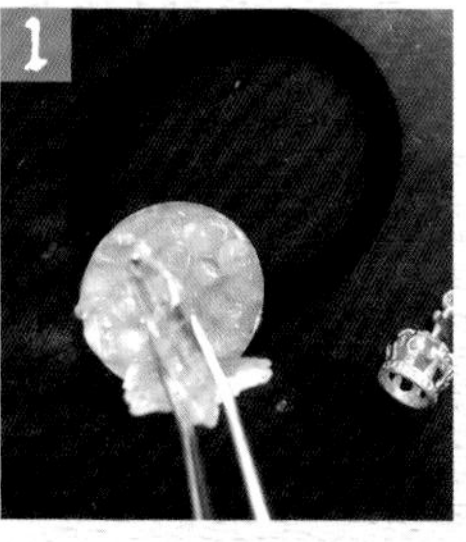
1

完成

製作方法

1 在髮圈的基座部分塗上黏著劑，再將礦物與皇冠黏上去。

用來收藏喜歡的礦物的寶箱！

樣本盒

為了存放陸續增加的礦物樣本，讓我們來製作收藏礦物用的樣本盒吧。熟悉基本製作方法後，就能夠製作出多種大小、多種分隔方式的樣本盒。

準備材料

- □ 輕木木板（長600㎜×寬80㎜×厚5㎜） 1片
- □ 有溝槽的檜木棒（長900㎜×寬5㎜×高5㎜） 1根
- □ 直尺
- □ 美工刀、切割墊
- □ 水性著色劑
- □ 聚氯乙烯板（72㎜×92㎜）
- □ 木工用黏著劑
- □ 聚氯乙烯用黏著劑
- □ 環氧樹脂類黏著劑
- □ 抹布
- □ 鉸鏈 2個
- □ 釘子 8根

※輕木製成的木板較軟，能用美工刀切開，適合用來製作工藝品。製作蓋子用的聚氯乙烯板可以用其他透明墊代替。

使用美工刀時，注意不要割到手。

組裝時需用到的材料

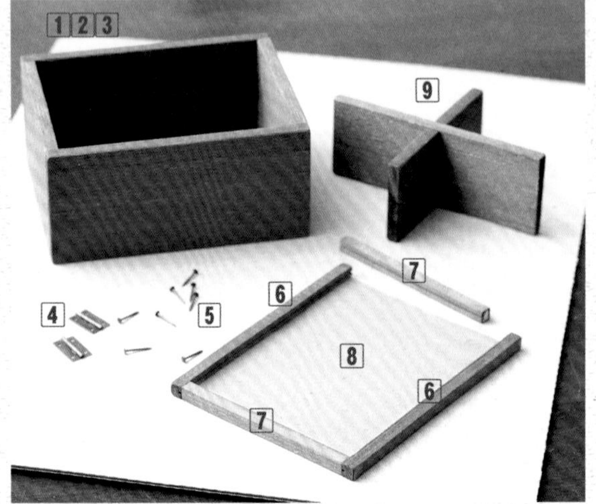

［盒子本體］
輕木木板
1 45㎜×100㎜ 2片
2 45㎜×70㎜ 2片
3 90㎜×70㎜ 1片

［固定工具］
4 鉸鏈 2個
5 釘子 8根

［蓋子］
有溝槽的檜木棒
6 100㎜ 2根
7 70㎜ 2根

聚氯乙烯板
8 72㎜×92㎜

［分隔板］
輕木木板
9 2片

5㎜
18㎜
38㎜
70㎜

▶用輕木木板製作盒子本體。仔細畫出線條並沿線切開。訣竅在於不要一口氣切開，要分成好幾次慢慢切開。

4

5

製作方法

【盒子本體、分隔板】

1 依照【組裝時需用到的材料】所列出之盒子本體與分隔板的尺寸，在輕木木板上畫出裁切用的線條。

2 用美工刀沿著線輕輕劃過，再慢慢加重力道，把木板裁開。

3 塗上水性著色劑，乾燥後再用木工用黏著劑組裝起來。

【蓋子】

4 將有溝槽的檜木棒依照【組裝時需用到的材料】所列出之尺寸切成4段，將檜木棒兩端塗上木工用黏著劑，組裝成ㄇ字形（用手指將木工用黏著劑沾到檜木棒上。黏合時若有多的黏著劑溢出，再用抹布擦掉）。

5 將聚氯乙烯用黏著劑塗在檜木棒的側面，插入聚氯乙烯板，並以直尺壓著，使兩者能牢牢黏住。

6 待蓋子上的黏著劑乾掉後，將蓋子放在盒子本體上。以環氧樹脂類黏著劑將鉸鏈黏上去，再釘入釘子便完成（由於輕木木材相當軟，所以用手指將釘子壓入即可）。將礦物名稱與採集地點寫在紙上，再把這張紙與礦物一起放入吧。

6 完成

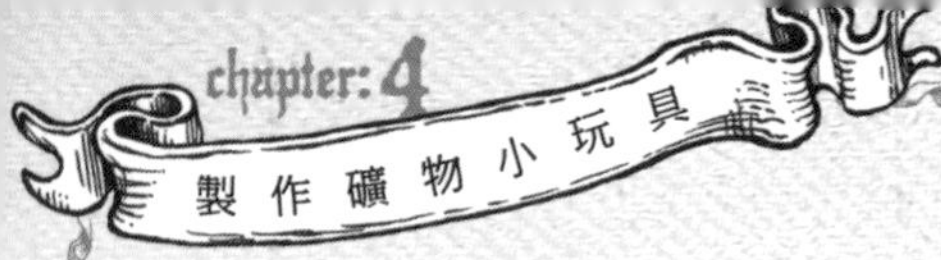

帶著走的小小樣本盒

樣本項鍊

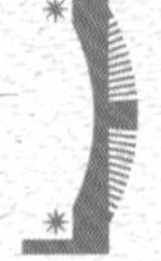

試著利用P.95的樣本盒製作技術來做條項鍊吧。可以每天更換不同的樣本，帶著自己喜歡的礦物散步。

準備材料

- □ 輕木木板（長600㎜×寬80㎜×厚4㎜） 1片
- □ 聚氯乙烯板（長39㎜×寬29㎜） 1片
- □ 金屬製直尺
- □ 美工刀、切割墊
- □ 木工用黏著劑
- □ 聚氯乙烯用黏著劑
- □ 抹布
- □ 紙黏土

※想上色的話，可以用水性著色劑為木板上色。另外，紙黏土的作用是將樣本固定在基座或盒子內。取適量捏成球狀使用。

組裝時需用到的材料

[盒子本體] 輕木木板

1 40㎜×30㎜（背板） 1片
2 36㎜×25㎜（底板） 1片
3 36㎜×22㎜（頂板） 1片
4 40㎜×25㎜（側板） 2片

▶預先在側板和底板距離邊緣1.5㎜處畫線。（步驟1）

[蓋子] 輕木木板

5 36㎜×3㎜（蓋子用木板） 1片
6 聚氯乙烯板（長39㎜×寬29㎜） 1片

▶預先在製作蓋子用的輕木木板中間畫一條線，標示出聚氯乙烯板黏合的位置。（步驟2）

1

製作方法

1 依照【組裝時需用到的材料】所列出之尺寸裁切輕木木板、聚氯乙烯板，得到樣本盒的各面及蓋子。沿著側板上距離邊緣1.5㎜處的線，以直尺壓出凹痕。同樣沿著底板上距離邊緣1.5㎜處的線押出凹痕。

2 製作滑動式蓋子。將聚氯乙烯用黏著劑塗在聚氯乙烯板上，沿著預先畫好的線，將其緊緊黏在輕木木板上（需用力壓著，使聚氯乙烯板稍稍埋入木板內）。

3 完成。以木工用黏著劑將盒子本體組裝起來，放入郵票、礦物等物品。用紙黏土固定礦物，就會比較好固定，也方便取下。

2

3 完成

簡直就像博物館的展示品！

圓頂玻璃樣本

利用展示飾品用的小小圓頂玻璃樣本，製作出可媲美博物館樣本盒的小小展示盒吧。

準備材料

- □ 圓頂玻璃
- □ 金屬台
- □ 載玻片
- □ 礦物
- □ 玻璃切割刀
- □ 環氧樹脂類黏著劑
- □ 厚紙板（調製黏著劑用）
- □ 牙籤（調製黏著劑用）
- □ 標籤貼紙

1

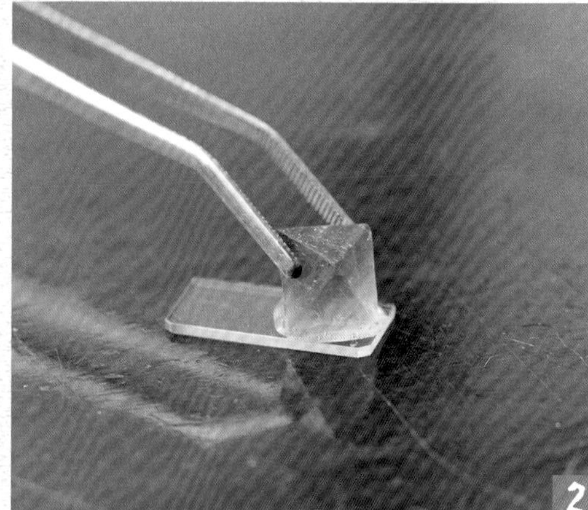

2

3

4 完成

製作方法

1 將環氧樹脂類黏著劑擠在厚紙板上，以牙籤充分混合。

2 用玻璃切割刀將載玻片切成適當大小，再黏上喜歡的樣本。

3 寫好標籤，再用鑷子貼在樣本下方。將 2 立起，黏在金屬台上，再蓋上玻璃圓頂。

4 完成。除了礦物以外，也可以和化石擺在一起喔。

操作時請保持通風。

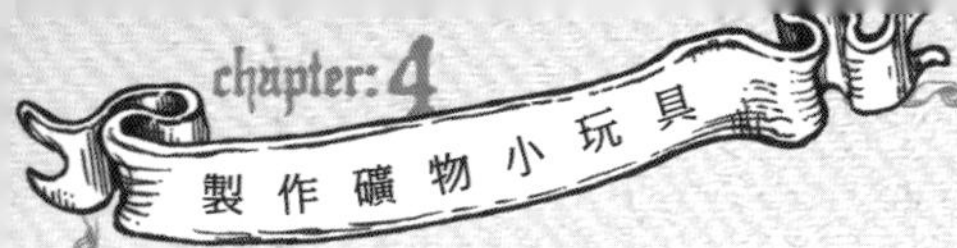

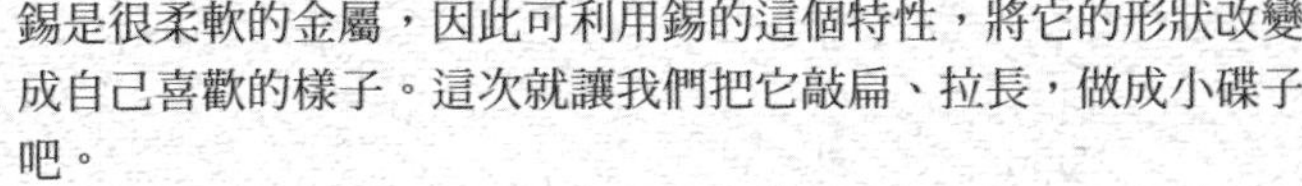

熔解！敲打！延展！金屬元素好好玩！

錫製小碟

錫是很柔軟的金屬，因此可利用錫的這個特性，將它的形狀改變成自己喜歡的樣子。這次就讓我們把它敲扁、拉長，做成小碟子吧。

【錫】
這次我們使用的是錫塊。

準備材料

- □ 錫　約25g
- □ 湯勺
- □ 瓦斯爐
- □ 平坦金屬台
- □ 球狀金屬台
- □ 鐵鎚
- □ 裁剪金屬用的剪刀
- □ 小蘇打粉
- □ 托盤

※熔解錫的時候，千萬注意不要被灼傷。

因為會用到火，故一定要有大人陪同實驗。

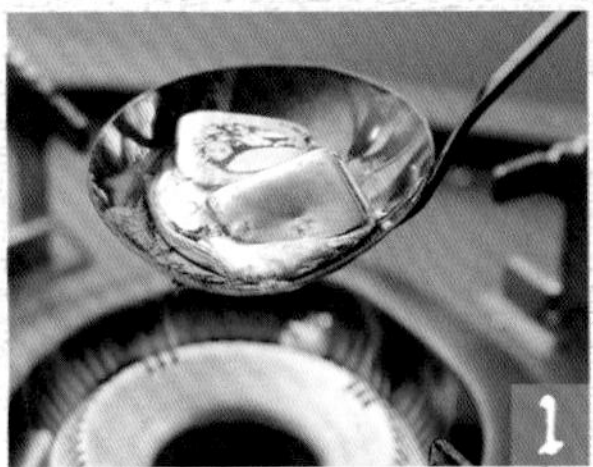

1

2

3

4

5 完成

[back]

製作方法

1 將錫放在湯勺內，以火加熱融化。

2 將 1 融化的錫全部滴在托盤上，形成約10元硬幣大小的圓。以裁剪金屬用的剪刀剪去不需要的部分。

3 放在平坦的金屬台上，以鐵鎚敲打成薄片。

4 放在球狀的金屬台上，以鐵鎚敲打成球面。

5 最後沾一些小蘇打粉，並以水清洗後即完成。背面會留下鐵槌敲擊的痕跡，獨具一格。

形狀千變萬化的金屬元素「錫」的故事

金、銀、銅等金屬元素常用在各式各樣的工具與飾品上。特別是錫，錫有淨化水的功能，熱傳導率也比其他金屬高。另外，錫的顏色比銀還要黑一些，還不容易生鏽，是很穩定的金屬，不會影響人體健康。錫（Tin）是原子序為50的元素，元素符號為Sn（→參考書衣海報）。自然界就存在著錫石，錫石通常以正方晶系形式存在，稱為「β錫結構」或「白錫」。β錫在高溫（161℃以上）時，會轉變成斜方晶系的「γ錫（斜方錫）」，低溫（13℃以下）時，會轉變成「α錫（灰錫）」。現實中雖然不會在短時間內出現那麼劇烈的溫度變化，但若長期放置於低溫的環境下，錫製品會膨脹損壞，就是因為它轉變成了「α錫」。

聽聽看「錫鳴」吧！

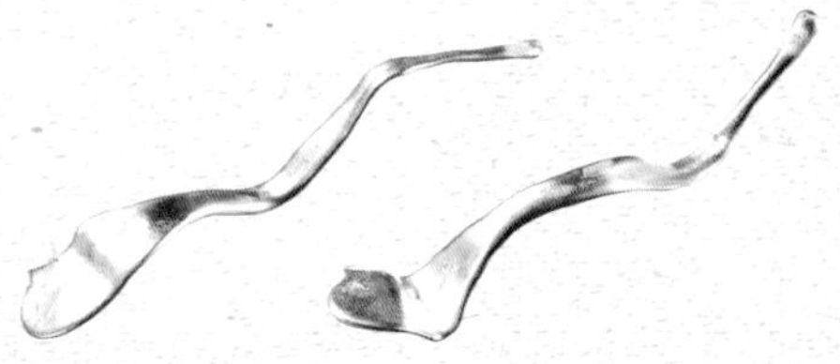

錫可以用手輕鬆拗彎，當錫被拗彎時，會發出嘰哩嘰哩、啪哩啪哩的清脆聲響，不過發出金屬聲並不代表它被折斷。這個聲音又叫做「錫鳴」。拗彎錫時會改變錫的結晶結構，這就是產生錫鳴的原因。

準備材料

- □ 錫棒
- □ 裁剪金屬用的剪刀
- □ 鐵鎚
- □ 錐子
- □ 平坦金屬台
- □ 球狀金屬台
- □ 抹布
- □ 金屬研磨劑

※可使用用來研磨銀或黃銅的金屬研磨劑，在均一價商店就可買到。

放到嘴巴裡也沒關係！用錫來做湯匙吧！

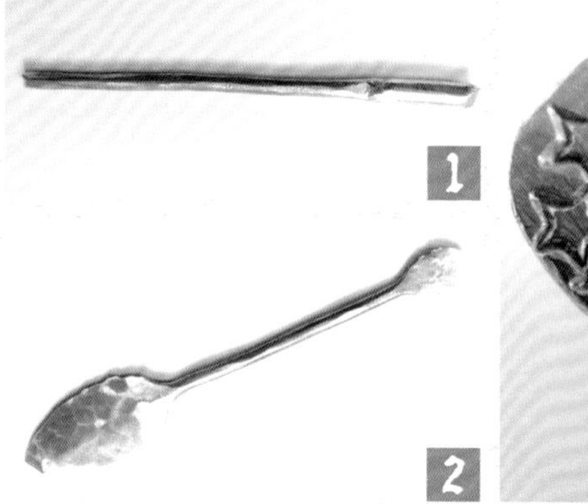

5 完成

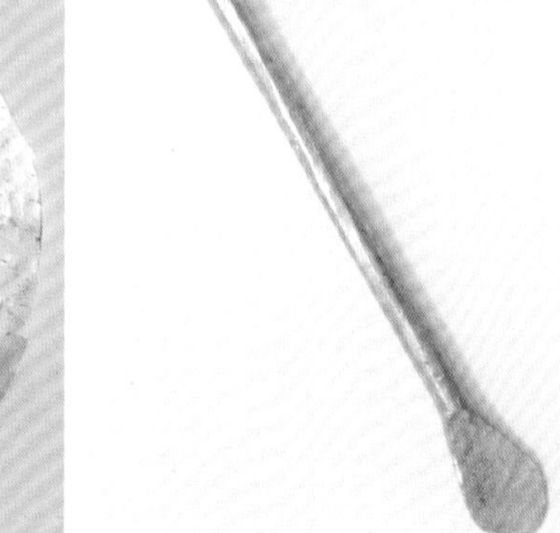

製作方法

1 用裁剪金屬用的剪刀，將錫棒依想製作的湯匙樣子剪成適當長度。以鐵鎚在平坦金屬台上將中間部分敲打延展成扁平狀。

2 敲打兩端，一端敲打成易放入口中的圓形扁平狀，裝飾用的另一端則敲打成較小的扁平圓形。

3 利用金屬製的螺絲或釘子，敲打出裝飾部分的花樣。（圖中是以雕刻金屬時所用的金屬鑿來刻出花樣）

4 放在球狀金屬台上用鐵鎚敲打出凹陷，修整成易放入口中的形狀。

5 以抹布沾少量金屬研磨劑研磨，再沾小蘇打粉、水洗後便完成。要是外型歪掉的話，再用剪刀調整形狀，並用錐子等圓形金屬棒削掉切口邊緣的角，使其成為圓弧狀。

製作工藝品時需特別注意的「與錫類似的金屬」

【白鑞／Pewter】
錫與銻、銅、鉛等金屬混合而成的合金。比純錫還要硬，適合用來製作飾品，但因為含有鉛，所以不能用於餐具上。

【白合金／Babbitt metal】
白合金是由錫、銻、銅、鉛混合而成的合金。1850年時，美國的艾薩克·巴比特（Isaac Babbitt）發明了這種合金，故又被稱為巴氏合金。因為含有鉛，故不建議用於製作工藝品。

▶店裡販售的錫有各式各樣的形狀。依照目的選擇適當的材料吧！

【水滴形】小小的水滴狀。適合用在用量不大的地方。

【球形】球狀。可以直接拿來使用。

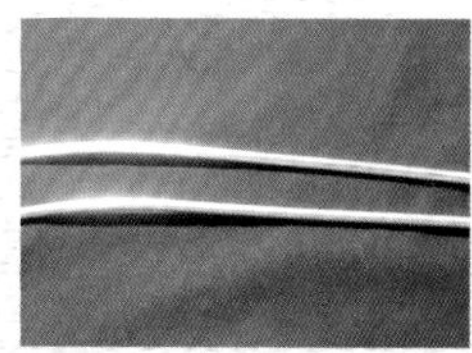

【錫棒】適合用來製作棒狀的細長物品。

【錫塊】熔化後使用。

沉浸在由礦物組合出來的圖案！

變化萬千的萬花筒

小小的礦物碎片、破掉的結晶……放在手上很不起眼，不過要是放入萬花筒，讓它們彼此交錯重疊，旋轉時便可看到變化萬千的美麗圖案。

準備材料

- □ 紙管
- □ 鏡面紙
- □ 厚紙板
- □ 聚氯乙烯板
- □ 薄紙
- □ 美工刀
- □ 鋸齒美工刀
- □ 透明塑膠片
- □ 木工用黏著劑
- □ 小東西
  （礦物碎片、齒輪等）

使用美工刀時，注意不要割到手。

步驟 7 中組裝前的準備

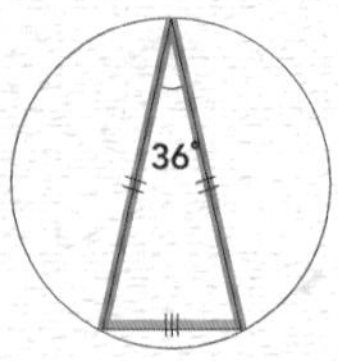

鏡面紙 × 2張

厚紙板 × 1張

在紙上畫出紙管內側的圓，再畫1個頂角為36度的圓內接等腰三角形，依圖中各邊長作為寬度，裁切鏡面紙與厚紙板（長度則依紙管長度而定）。

製作方法

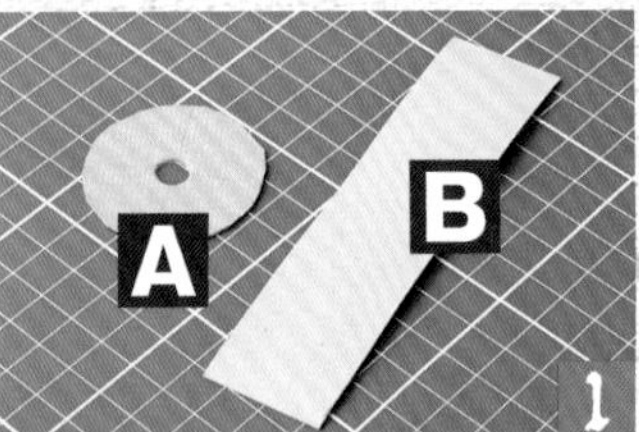

依照紙管截面裁下圓形厚紙板，並開一個窺視孔A。裁下長條狀厚紙板，當作置物部分（放入小東西的空間）的內裡B。

用鋸齒狀美工刀裁切紙管，分成本體部分與置物部分（B的厚紙板寬度要比紙管的置物部分多出1cm）。

將步驟1中準備的B黏在置物部分內側。

將步驟1中準備的A用木工用黏著劑黏在本體部分。

在置物部分的底部黏上比紙管略大一圈的圓形聚氯乙烯板。

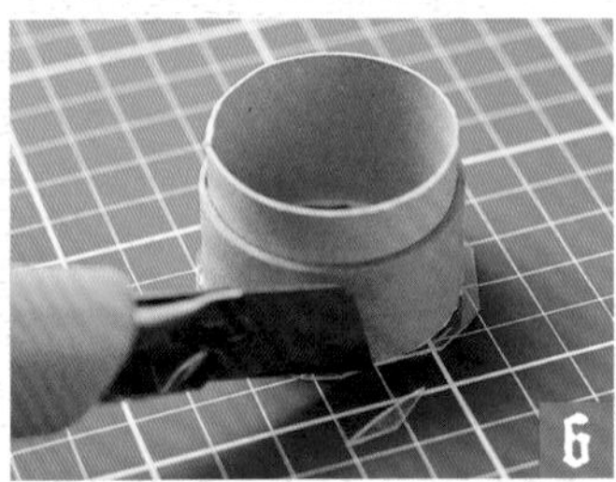

待聚氯乙烯板黏緊以後，以美工刀將多出來的部分切掉。

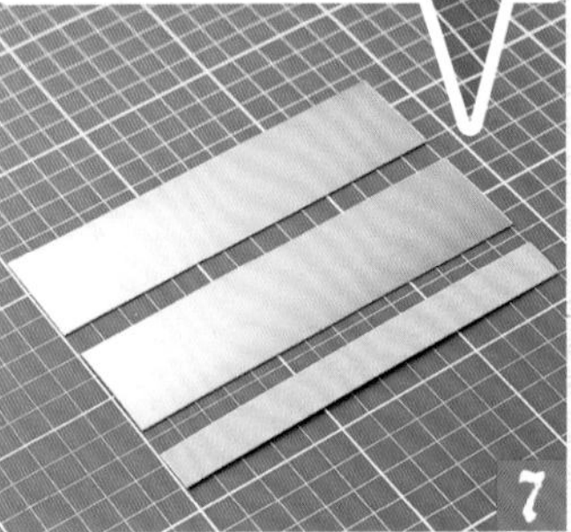

參考左側的【步驟7中組裝前的準備】，裁切鏡面紙與厚紙板。

用透明膠帶將7的鏡面紙與厚紙板組裝起來。

將鏡面紙放入本體內。將各種小東西放入置物部分。

以薄紙填充紙管內的空隙。

以透明塑膠片蓋住置物部分，再接上本體。

完成。在本體外貼上包裝紙之類的裝飾，做成獨特的萬花筒。

將鏡面紙組合成頂角為36度的等腰三角形，就能看到中央呈現五邊形或星形的樣子。

若改變放入本體的鏡子形狀，看起來也會很不一樣!?

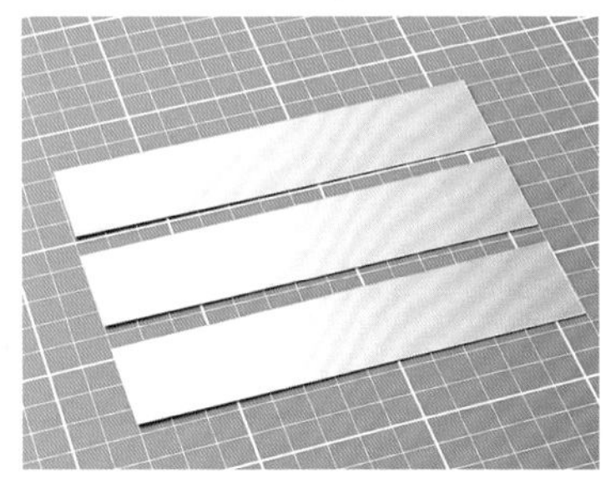

將3面長方形鏡子組合成正三角形，就成了一般常看到的萬花筒樣式。影像會在平面上無限延展。

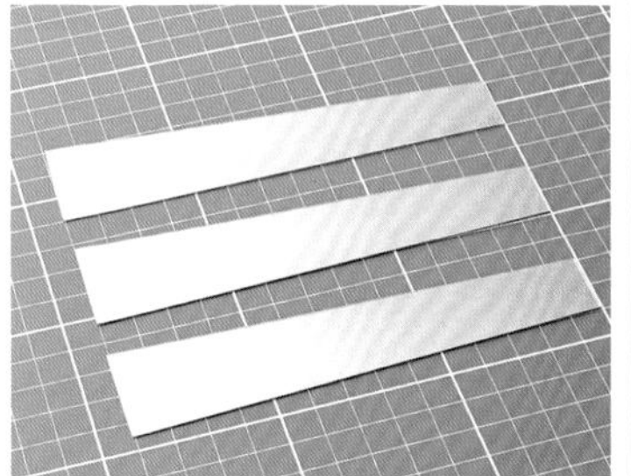

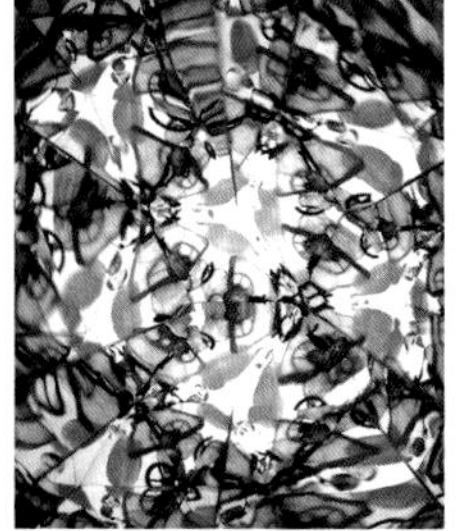

若將鏡子裁切成梯形再組裝，可以得到具立體感的影像，又叫做錐形（Tapered）萬花筒。若改變梯形的形狀，還能呈現不同的立體感。

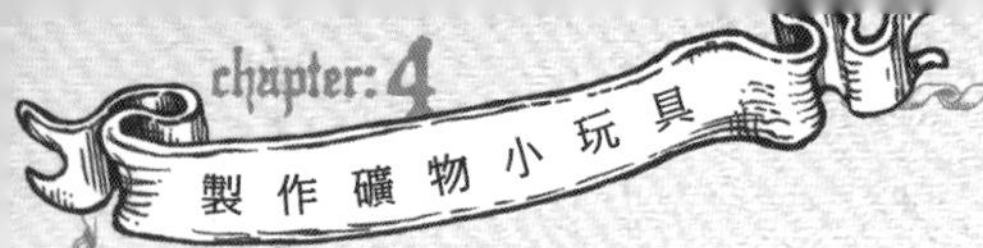

聽聽看來自空中的聲音！

礦石收音機

雖然眼睛看不到，但其實我們周遭有非常多電波彼此交錯。即使不接電源，礦石收音機也能讓我們從天線接收到的電波中，擷取並聽到特定波長的電波。

礦石收音機的天線有2個頻道。讓我們試著將天線（單腳插頭）接上礦石，看看哪個頻道能接收到電波吧。確定配線之後，盒子本體可以自由設計。如果在箱子的側面裝上裝飾用的數字旋轉盤，還能展現出懷舊風情。

※在電線埋於地下的區域，用這種礦石收音機的天線會收不到訊號，需使用其他種類的天線才行。

準備材料

【工具】

- □ 烙鐵
- □ 焊料、焊台、烙鐵架
- □ 螺絲起子（用來製作天線、拆卸組裝插頭）
- □ 斜口鉗（用來剝掉配線用導線的塑膠皮）
- □ 鑽孔器與槌子（用來在箱子上開洞）
- □ 直徑3㎜的鑽頭
  （用來在製作檢波臂的木板上鑽洞）
- □ 木工用黏著劑（用來製作檢波臂）

使用烙鐵時，小心不要灼傷，一定要有大人陪同製作。

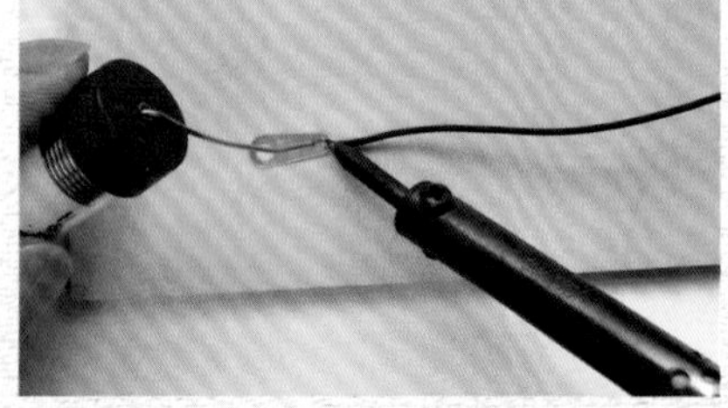

製作零件

[蛛網形線圈]

準備材料

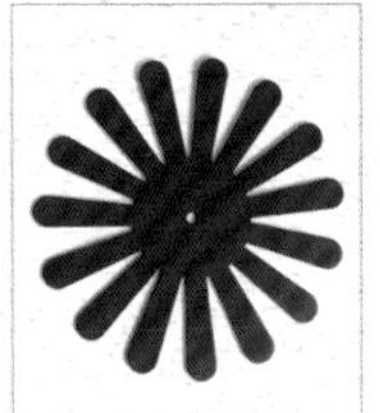

☐ 蛛網形線圈

☐ 直徑0.5㎜的漆包線　15m

製作方法

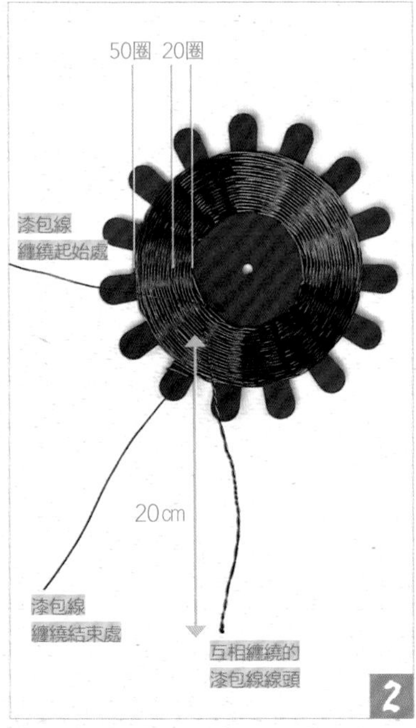

1 將漆包線纏繞於蛛網形線圈上。首先穿過根部的洞，接著每隔2支腳前後交替纏繞。

2 繞20圈後，將漆包線往外拉出20㎝，再往回對摺，將來回的漆包線互相纏繞在一起。接著，繼續纏繞50圈。

[天線（單腳插頭）]

準備材料

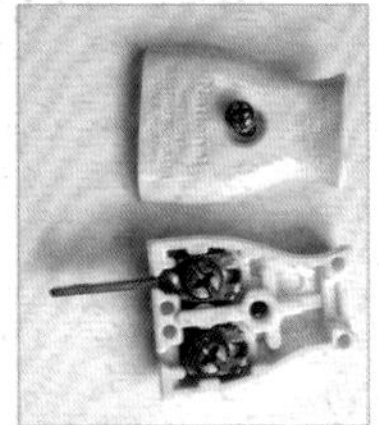

☐ 插頭

☐ 電容

☐ 導線

※選用有塑膠皮包覆的導線。因此要用斜口鉗將末端的塑膠皮剝掉，露出中心的金屬線部分，以接上電路。電線長度視盒子大小決定。

製作方法

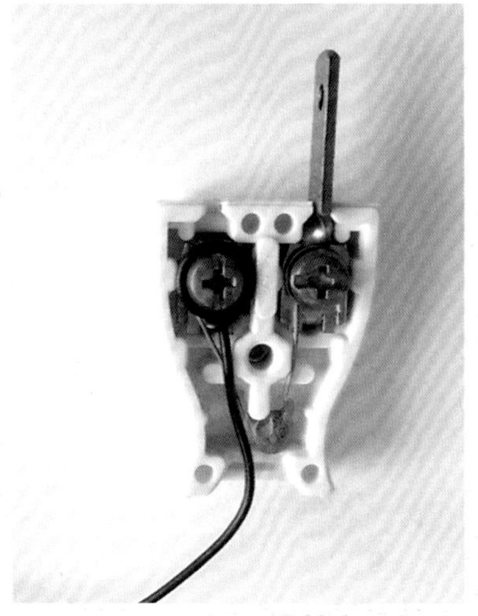

1 轉開插頭的螺絲，拿掉1個插腳（若將單腳的插頭插進插座，就可以捕捉到電波）。

2 將電容焊在插頭左右兩邊的螺絲上。

3 將導線接在插腳被拿掉的螺絲上。

[檢波臂]

準備材料

☐ 板A：長40×寬10×厚2㎜　2片
☐ 板B：長60×寬10×厚2㎜　2片
☐ 板C：長25×寬10×厚5㎜　1片
☐ 3㎜螺帽　2個
☐ 螺栓　2個

製作方法

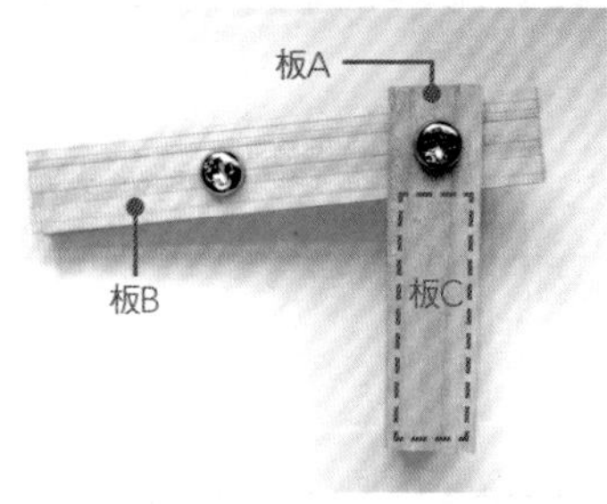

1 以木工用黏著劑將板C與板A黏起來。

2 將2片板B重疊，以螺帽與螺栓固定住。

3 將 1 和 2 疊起來，以螺帽與螺栓固定住。

[檢波皿]

準備材料

☐ 檢波皿

☐ 檢波皿棒（黃銅製的螺栓）：直徑3㎜×長5㎝

製作方法

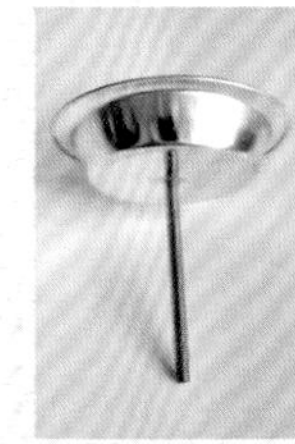

1 將檢波皿棒插入檢波皿的中心，焊接起來。

配線

準備材料

□ 盒子（本體）

※可以選用任意大小或形狀的盒子做為本體。
需在頂部與側面以鑽孔器開洞。

□ 焊片　2個

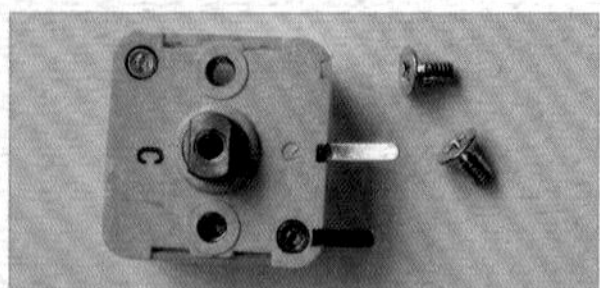

□ 2㎝方形可變電容
（選用有2個端子的產品）

□ 導線（20㎝）　8條

□ 旋鈕　2個
（大旋鈕用來調整可變電容，
小旋鈕用來切換訊號）

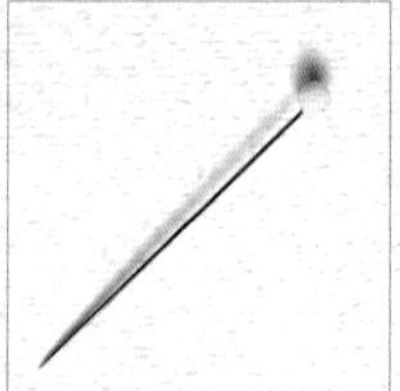

□ 檢波針（珠針）

本體
焊片
螺帽

□ 1P端子　5個（盒子前方2個用來連接耳機、
蓋子上方3個用來接地與接天線）

□ 晶體耳機

□ 焊片板（1L1P焊片板）

□ 木螺絲
（直徑3㎜×長8㎜）

□ 可變電容用轉接螺絲

□ 鍺二極體1N60

□ 切換裝置　1個

確認礦石收音機的每個部位吧！

［配置示意圖］

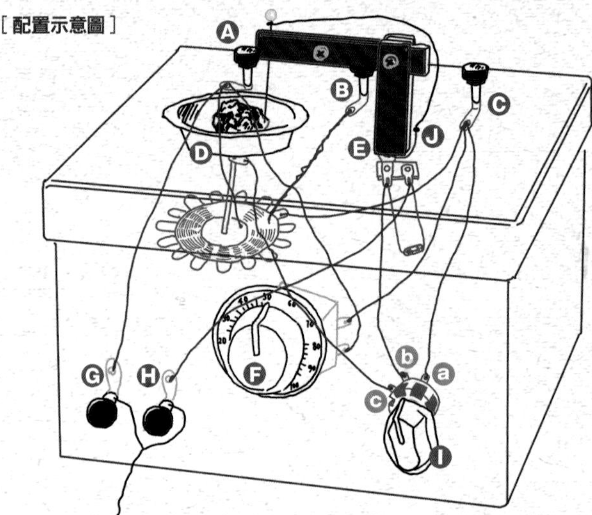

Ⓐ 接地
Ⓑ 天線1（20圈）
Ⓒ 天線2（70圈）
Ⓓ 檢波皿
Ⓔ 檢波臂
Ⓕ 可變電容旋鈕
Ⓖ 耳機1
Ⓗ 耳機2
Ⓘ 切換裝置
Ⓙ 洞

［線路圖］

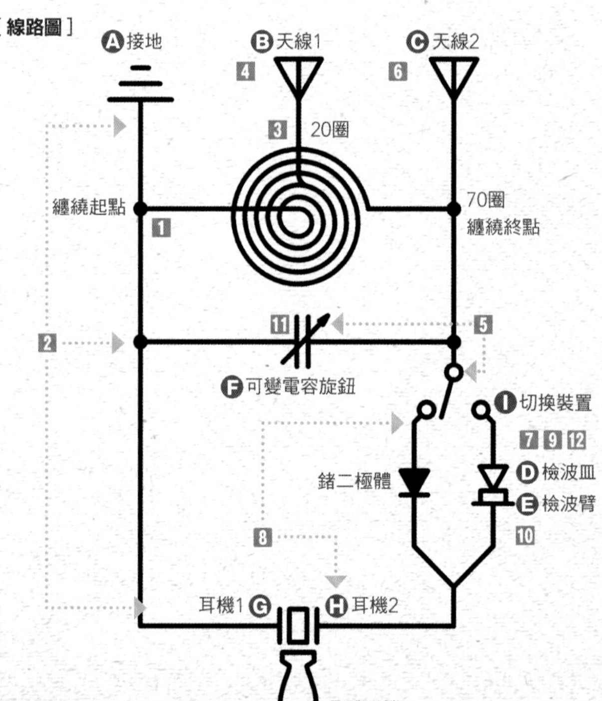

製作方法

1 拆開1個1P端子，將蛛網形線圈纏繞起始處的漆包線末端，與2條導線的末端一起穿過焊片上的洞，再將這3條線焊上去。

2 將步驟 1 中拆開之1P端子的本體放在Ⓐ洞的外側，從內側用螺帽將 1 的1P端子鎖起來。拆開另1個1P端子，將本體插入Ⓖ洞，放上焊片，並將剛才從Ⓐ拉出來的導線焊在這裡的焊片上，再鎖上螺帽。從Ⓐ拉出來的另一條導線，則焊到2cm方形可變電容上。

3 再拆開另一個1P端子，將蛛網形線圈中互相纏繞的漆包線線頭焊在焊片的洞上。

4 將 3 的1P端子本體從外側插入Ⓑ洞，再從內側用螺帽將 3 鎖上。

5 再拆開另一個1P端子，將蛛網形線圈纏繞結束處的漆包線末端，與2條導線的末端一起穿過焊片上的洞，再將這3條線焊上去。將2條導線的其中一條的另一端焊到2cm方形可變電容上；另一條導線的另一端則焊到切換裝置的ⓐ端子上。

6 將 5 的1P端子本體從外側插入Ⓒ洞，再從內側用螺帽將 5 鎖上。

7 將檢波皿底部的檢波皿棒從外側插入Ⓓ洞。將焊有導線的焊片從內側穿入檢波皿棒，並用螺帽往上鎖住固定。於檢波皿上再鎖1個螺帽後，使檢波皿棒穿過蛛網形線圈的中心，再鎖上另一個螺帽夾住。將焊片上導線的另一端焊到 5 的切換裝置之ⓒ端子上。

8 將鍺二極體的兩端分別焊到焊片板的2個端子上，再於這2個端子上各焊上1條導線。在Ⓗ洞裝上一個1P端子，再將前述2條導線的其中一條焊到Ⓗ上的1P端子，另一條導線則焊在步驟 5 中提到的切換裝置的ⓑ端子上。

9 將1條導線的末端焊在檢波針頭部正下方，將檢波針穿過檢波臂的末端。將連接檢波針之導線的另一端從外側穿過Ⓙ洞，將其末端焊在焊片上。

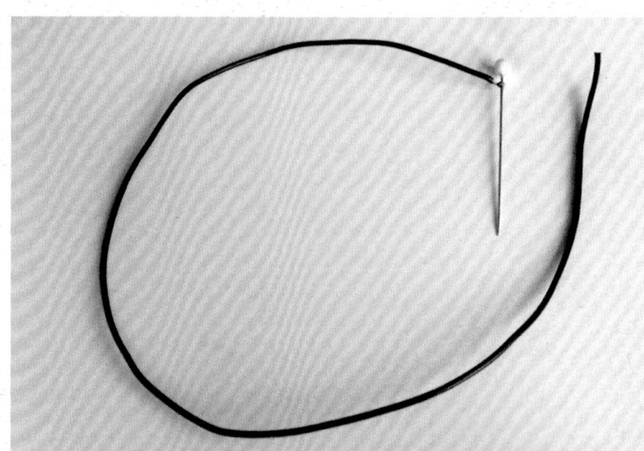

10 以木螺絲穿過 9 的焊片，再穿過 8 的焊片板，參考示意圖的樣子，將其從箱上Ⓔ洞的內側固定住檢波臂。

11 將2cm方形可變電容接上可變電容用轉接螺絲，從Ⓕ洞的內側穿到盒子外側，再於外側裝上旋鈕（大）。

12 將切換裝置裝在Ⓘ洞的內側，與外側的旋鈕（小）接在一起。

13 將耳機接於Ⓖ和Ⓗ，將切換裝置轉到左邊，連接上二極體迴路，再將天線（單腳插頭）連接到Ⓒ的天線端子，聽聽看有沒有聲音。要是聽不到聲音的話，就再將天線連接到Ⓑ的天線端子。只要其中一個聽得到聲音，就表示迴路製作成功！接著在檢波皿內放置小塊的黃鐵礦、方鉛礦或紅鋅礦，再將切換裝置轉到右邊的「礦石迴路」，以檢波針碰觸石頭，尋找在哪個位置下可以聽到聲音。如果雜音太多的話就改用接地線。

用人造樹脂大量製造複製品！

礦物複製品

將樣本翻模，取其外型，可複製出各種礦物的複製品。我們可以做出天然礦物不可能出現的顏色，還可以在裡面加入一些可愛的小東西。

準備材料

- ☐ 翻模材料
- ☐ 紙杯
- ☐ 湯匙
- ☐ 牙籤
- ☐ 環氧樹脂類黏著劑（A膠+B膠）
- ☐ 染料（黏著劑用）
- ☐ 秤
- ☐ 取模樣本（本次實驗使用透明水晶）

※環氧樹脂類黏著劑為A膠（主液）與B膠（硬化液）成組使用。另外，若要加上顏色，可使用樹脂用的染料。如果量不大的話，可以用指甲油代替。

操作時請保持通風。

1

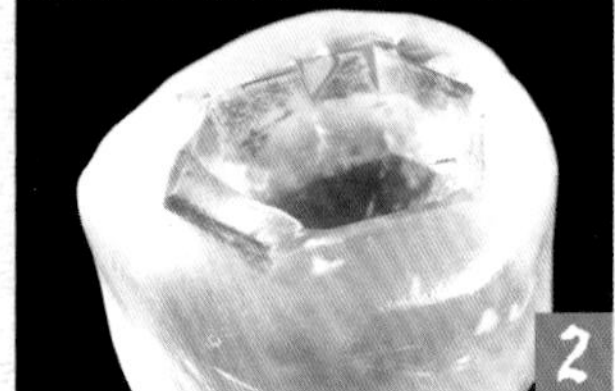
2

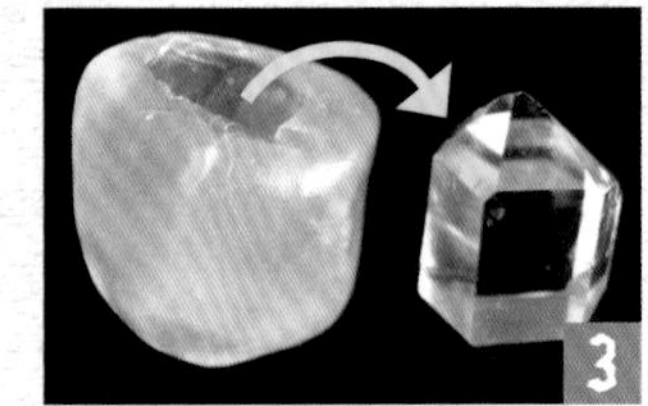
3

4

5

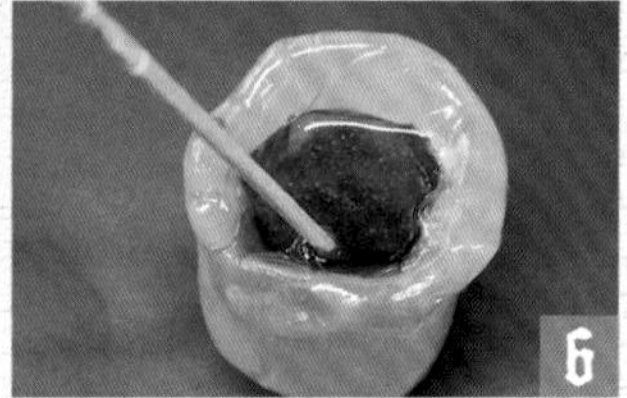
6

7 完成

製作方法

1 將翻模材料以熱水加熱，一邊混勻一邊搓揉成球狀。

2 以翻模材料包住樣本，放置待其凝固。

3 凝固後將樣本自外模取出。

4 以紙杯秤量人造樹脂的A液與B液，以A：B＝2：1的比例混合，並以湯匙攪拌。將混合後的樹脂液分成2份，在其中一份樹脂內加入少許染料。

5 將無色的樹脂注入外模，靜置一段時間。

6 待染色過的樹脂開始有些黏稠時，以牙籤戳破氣泡，注入外模。

7 凝固後將樹脂與外模分離取出。若加入螢光砂或螢光墨水（印章用的墨水），可做出很有趣的作品。

以黑光燈照射的話……

左邊是以黑光燈照射時的樣子，右邊是剛關掉黑光燈時的樣子。可以明顯看出「蓄光」效果。

挑戰做出可以吃的礦物複製品吧！

用食品級翻模材料製作冰塊或寒天的外模。

1 以廚房清潔劑仔細清洗樣本，將乾燥的樣本放入翻模材料內。

2 凝固後取出樣本。

3 加入果汁或凝固前的寒天，待其凝固後便完成。

1

2

3

一定要使用食品級翻模材料。另外，也要確認放入翻模材料的樣本是安全的礦物。

用紙製作結晶

礦物紙藝

用有些透明感的紙張摺出礦物的結晶形狀，打光後的成品十分美麗。仔細想想該如何組裝紙張，讓人從外觀上看不到黏合處吧。

準備材料

- ☐ **厚描圖紙**
- ☐ **直尺**
- ☐ **鉛筆**
- ☐ **美工刀、切割墊**
- ☐ **黏著劑**

※也可以將本頁的紙型影印放大，用一般紙張製作。

製作方法

1 以半透明的描圖紙描出右方展開圖。

2 黏合處與結晶面的形狀相同，因此一邊思考該如何黏合，一邊組裝起來吧。

3 完成。這次是用白色描圖紙來製作，不過摺之前也可以用彩色鉛筆或顏料塗上顏色喔。

來摺出水晶吧！

這是水晶特有的結晶形狀。

［完成圖］

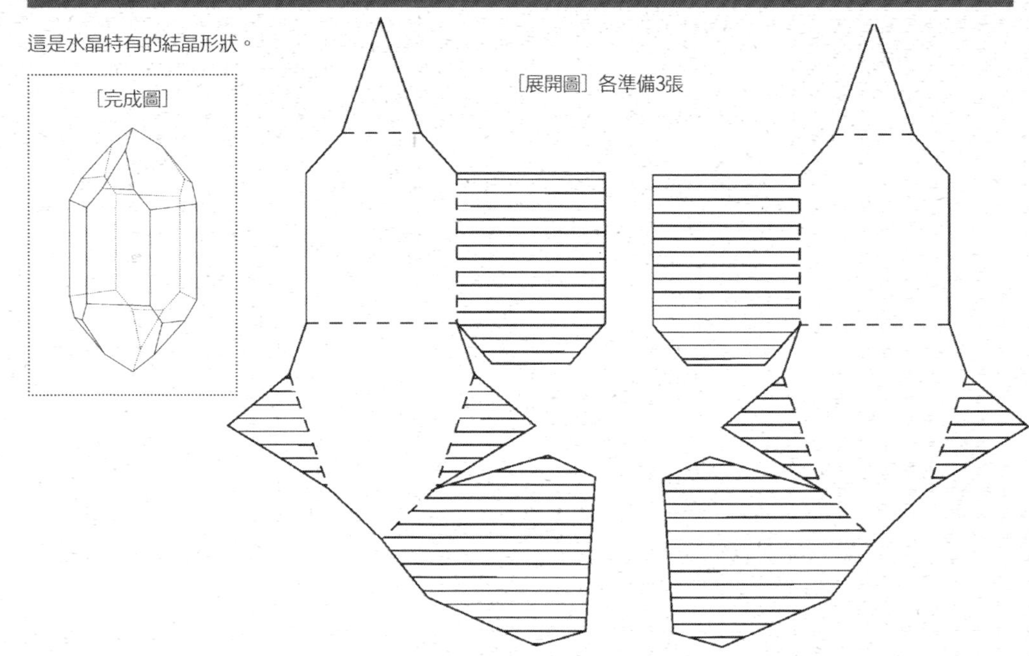

［展開圖］各準備3張

來摺出螢石吧！

除了螢石以外，尖晶石、磁鐵礦也是八面體。

［完成圖］

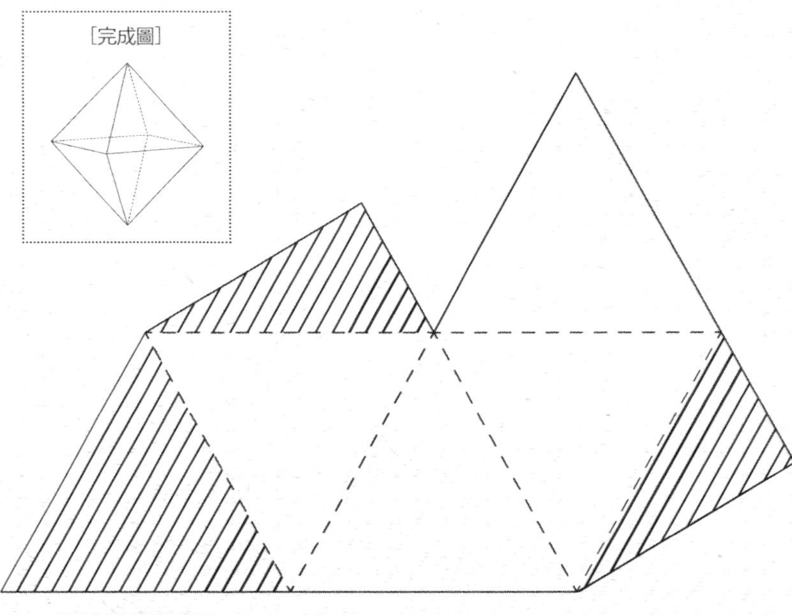

［展開圖］準備2張

全世界的礦物產地

世界上有許多地方可以採集得到天然礦物。以下介紹一部分著名的礦山及可採集到的礦物，雖然其中有些礦山已經封山了。

1 格陵蘭
冰晶石

2 加拿大 魁北克省
金雲母

3 美國 密蘇里州 Sweetwater礦山
方鉛礦

4 美國 紐澤西州 富蘭克林礦山
螢光礦物

5 美國 阿肯色州
水晶／銀星石

6 哥倫比亞
祖母綠

7 秘魯
薔薇輝石

8 玻利維亞
蛭石／磁鐵礦

9 阿根廷
菱錳礦

10 巴西
水晶／藍晶石／石榴石

11 冰島
方解石

12 俄羅斯 科拉半島
十字石

13 波羅的海
琥珀

14 英國 Rogerley礦山
螢石

15 英國 天空島
魚眼石

16 俄羅斯 烏拉爾地區
剛玉／孔雀石／滑石

17 德國
硬石膏

18 瑞士
螢石

19 法國 Chessy礦山
藍銅礦／螢石

20 西班牙
黃鐵礦／霰石

21 奧地利 提洛邦
透輝石

22 捷克
鎂鋁石榴石

23 義大利 西西里島
硫磺

24 匈牙利 Zemplén礦山
玉滴石

25 保加利亞
黃鐵礦

26 摩洛哥
磷灰石／likely

27 剛果
矽孔雀石／水膽礬／孔雀石

28 衣索比亞
珍珠

29 坦尚尼亞
黝簾石／堇青石

30 波札那
鑽石

31 納米比亞 促美布礦山
白鉛礦／藍銅礦

32 南非 Riemvasmaak
螢石

33 馬達加斯加
拉長石／天青石／水晶

34 巴基斯坦
海藍寶石

35 阿富汗
鋰輝石／鎂鋁石榴石／螢石／海藍寶石／青金石

36 緬甸
紅寶石／藍寶石

37 印度
魚眼石／纖水矽鈣石／輝沸石／水矽釩鈣石／葡萄石

38 中國 四川省
水晶

39 中國 雲南省
異極礦

40 中國 貴州省
硃砂

41 中國 湖南省
硃砂／螢石／砷黃鐵礦

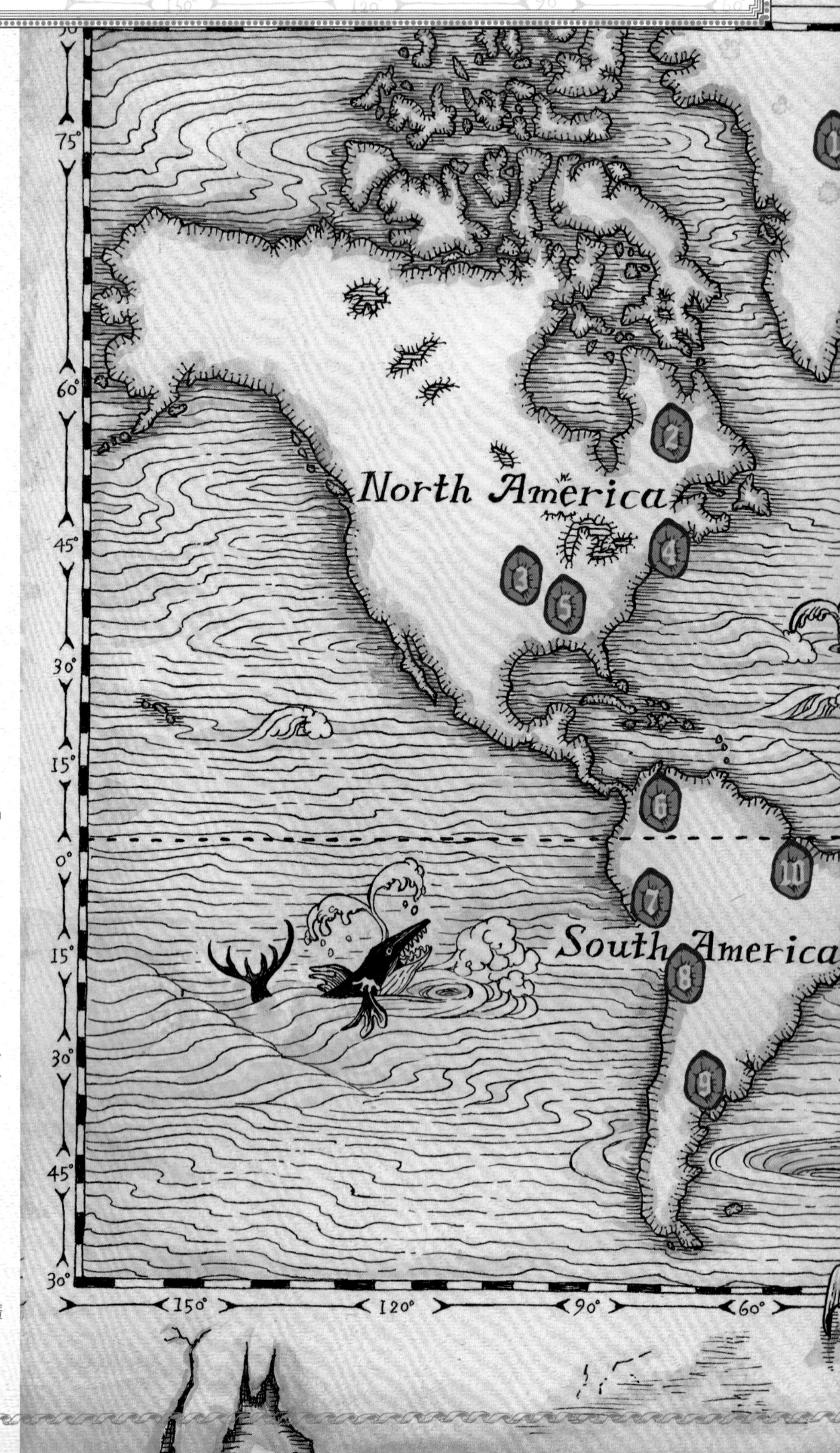

30°
0°
30°
60°
90°
120°
150°
Europa
Asia
Africa
Oceania
11
12
13
14
15
16
17
18
19
20
21
22
23
24
25
26
27
28
29
30
31
32
33
34
35
36
37
38
39
40
41
THE WORLD MAP
90°
120°
150°

用語解說

這裡簡單說明了書中常出現或者是較難懂的名詞。

英文

[Rutile]
正方晶系礦物——金紅石的英文名稱。若金紅石被包覆在紅寶石或藍寶石內的話，會產生星光效果（→P.15、84）。

2～5劃

[元素]
萬物的根源，無法再被分割的要素。

[分光]
依照波長將光分離。

[化學分子式]
在礦物領域中，是將組成礦物之原子及其個數，以最簡單的數字表達出來的化學式。

[犬牙狀]
像狗的牙齒的形狀。

[可見光]
波長位於人類的眼睛看得到之波段的光。

[母岩]
礦物樣本中，結晶生成基座般的礦物、岩石。

6～10劃

[光源]
發射出光的源頭。

[多孔質]
有很多孔洞的物質。

[次生礦物]
原本的岩石在形成後，經變質作用或換質作用等所形成的礦物。

[冶煉]
從礦石中提煉出金屬的過程。

[固溶體]
平均混合了2種以上元素的物體。如果2種以上元素間的比例呈連續變化，則稱為連續固溶體。

[昇華]
物質不經過液體狀態，直接從固體變成氣體的過程。

[波長]
光是一種波。波長是指從一個波到下個波的距離。

[流紋岩]
火山岩的一種。岩漿流動時，使斑晶呈一定方向排列，看起來就像流動中的樣子，故以此為名。

[原子]
物質的基本組成單位，在不喪失其化學特性下的最小單位。由原子核以及圍繞在其周圍的1個或多個電子組成。

[氣化]
物質由液體轉變成氣體。

[紋理]
位於結晶面之晶帶上的許多平行線條。

[閃光現象]
一般情況下指的是瞬間出現的強光。而在礦物領域中，指的則是因結晶構造，使得從特殊角度射入的光會反射出強光的現象。

11～15劃

[假晶]
保持結晶的外型，但內部已被置換成其他東西的礦物。

[偏光片]
光是有許多振動方向的橫波，偏光片就是指讓特定振動方向的光通過的遮蔽片。

[國際礦物學協會]
International Mineralogical Association（IMA）。由38個國家的團體組成的國際組織，以發展礦物學與統一礦物名稱為目的。

[基質]
在岩漿冷卻時，無法形成大塊結晶，而形成細小結晶或玻璃質的固體部分。

[蛇紋岩]
由蛇紋石組成的岩石。表面有著像蛇般的花紋，故名為蛇紋岩。

[斑晶]
斑狀組織之火成岩中的細小結晶，或者是散落在玻璃狀基質內的大型結晶。

[晶洞]
岩石中形狀不規則的空洞。

[晶帶]
一群在一個方向上彼此平行的結晶面。

[晶簇]
由多個結晶聚集在一起形成的樣本。（⇔單晶、分離結晶）

[稀土元素]
也被稱作Rare Earth，是31種稀有金屬中的1個礦種。包括原子序21的鈧（Sc）、39的釔（Y）這2種元素，以及從原子序57的鑭（La）到71的鎦（Lu）的15種元素，共17種元素的總稱。在週期表上，是除了錒以外的第3族元素，也就是第4週期至第6週期的第3族元素（→參考書衣海報）。

[稀有礦物]
採集量極其稀少的礦物。

[結晶、晶析、析出]
無法繼續溶解在溶液內，而以晶體形式出現的過程。

[結晶水]
存在於礦物結晶內，卻不與其組成分子或以離子鍵結在一起的水分子。

[黑光燈]
會發射出波長比人類可見光波長還要短之光線的燈。實際上還是會包含部分可見光。較常見的包括波長為380～365㎚的長波黑光燈，以及波長在280㎚左右的的短波黑光燈。

[新產礦物]
該地區第一次採集到的礦物。

[新種礦物]
地球上初次發現的礦物。

[飽和水溶液]
水中已溶有最大限度的溶質，無法再溶解更多溶質的狀態。

[熔點]
物質由固體轉變成液體的溫度。

[端成分]
固溶體中的極端化學組成方式。固溶體是由多種元素以各種比例組合而成，當只含有其中1種元素時，便稱為端成分。

[精煉]
將含有許多雜質的金屬提煉成純度較高之金屬的過程。

[綠洲]
沙漠中有水湧出，有草木生長的地方。

16～20劃

[激發態]
原子吸收了很多能量，處於不穩定的狀態。

[骸晶]
結晶在稜角或晶稜的部分成長得比面的部分還要快，使面的部分像是凹下去一樣的晶體。

[還原]
將氧化物的氧元素去除。（⇔氧化）

[雙晶]
2個以上的單晶以某個固定的角度，規則地結合在一起的結晶。

[礦床]
含有高濃度元素、礦石、石油或天然氣等具有可利用價值的資源的場所。

21劃

[鐵氧體]
含有氧化鐵之結晶的磁性材料。

購買礦物的地方

除了各地舉辦的展覽賣場外，也可以在專賣店購買礦物。第一次購買礦物時，應盡可能親眼確認實物再行購買。另外，應先確認活動舉辦期間或店家營業時間等各類資訊，再去玩賞這些礦物。

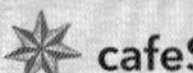

cafeSAYA
東京都北区神谷3-37-1
Tel 03-3903-5462
http://kirara-sha.com/

株式會社 東京SCIENCE（展示間）
東京都新宿区新宿3-17-7 紀伊國屋書店新宿本店1樓
「化石・礦物標本的店」
Tel 03-3354-0131（代表號）
http://www.tokyo-science.co.jp/

Crystal World京都本店
京都府京都市中京区三条通河原町西入石橋町14-7
Tel 075-257-3814
http://www.crystalworld.jp/

Crystal World東京營業所
東京都品川区西五反田7-22-17 TOCビル地下1階40号
Tel 03-5435-8766
http://www.crystalworld.jp/

PLANEY商會
東京都豊島区北大塚2-19-10 シャローム永田201
Tel 03-5907-3360
http://www.planey.co.jp/

HORI MINERALOGY
東京都練馬区豊玉中4-13-18
Tel 03-3993-1418
http://www.hori.co.jp/

東京礦物展（TOKYO MINERAL SHOW）
http://www.tokyomineralshow.com/

東京國際礦物展（TOKYO INTERNATIONAL MINERAL FAIR）
http://www.tima.co.jp/

國家圖書館出版品預行編目資料

礦物與它們的產地：超詳盡礦物百科！／佐藤佳代子著；陳朕疆譯. -- 初版. -- 臺北市：臺灣東販, 2019.03
112面；21×25.7公分
譯自：世界一楽しい 遊べる鉱物図鑑
ISBN 978-986-475-909-5(平裝)

1.礦物學 2.通俗作品

357　　107023122

SEKAIICHI TANOSHII ASOBERU KOBUTSU ZUKAN written by Kayoko Sato
© 2016 Kayoko Sato
All rights reserved.
Original Japanese edition published by Tokyoshoten Co., Ltd.
This Complex Chinese edition is published by arrangement with Tokyoshoten Co., Ltd., Tokyo in care of Tuttle-Mori Agency, Inc., Tokyo.

Profile［著者介紹］

佐藤佳代子

除了小學教師、補習班經營的工作外，還開設購物網站Kirara舍、咖啡廳cafeSAYA。商店內以礦物樣本為主，另有販售其他原創的自然科學教具。會在咖啡廳舉辦螢光礦物觀察會、螢石的八面體解理、萬花筒製作等工作坊。著作包括《鉱物レシピ 結晶づくりと遊びかた》(Graphic社)、《鉱物と理科室のぬり絵》(玄光社)等。

Sspecial Thanks［協助者］

Araki
明礬結晶養成

cafeSAYA Staff 縞子
礦物飾品、保羅領帶製作

Crystal World
樣本、礦物、岩石資訊提供

KentStudio
樣本盒、雨聲器、礦石收音機製作
※亦販賣礦石收音機。

ささきさとこ
繪製礦物繪圖、摺紙展開圖

Double Wave
讚岐石錄音

T maker
繪製結晶圖、雲母結構圖等

Tin-alloy
元素金屬提供
※亦提供、販賣錫、鉍等金屬。
http://www.tin-alloy.com/

東京SCIENCE
樣本、礦物、岩石資訊提供

中島真一郎（金山町觀光協會副會長）
礦山探險部分的取材協助

超詳盡礦物百科！
礦物與它們的產地

2019年3月1日初版第一刷發行
2023年7月15日初版第五刷發行

著　　者　佐藤佳代子
譯　　者　陳朕疆
編　　輯　劉皓如
美術編輯　黃郁琇
發 行 人　若森稔雄
發 行 所　台灣東販股份有限公司
＜地址＞台北市南京東路4段130號2F-1
＜電話＞(02)2577-8878
＜傳真＞(02)2577-8896
＜網址＞http://www.tohan.com.tw
郵撥帳號　1405049-4
法律顧問　蕭雄淋律師
總 經 銷　聯合發行股份有限公司
＜電話＞(02)2917-8022

著作權所有，禁止轉載。
購買本書者，如遇缺頁或裝訂錯誤，請寄回調換（海外地區除外）。
Printed in Taiwan

Staff［日文版工作人員］

設計　椿屋事務所
攝影　井上新一郎
插畫　三村晴子